U0144123

適用各種烹調技法

STAUB

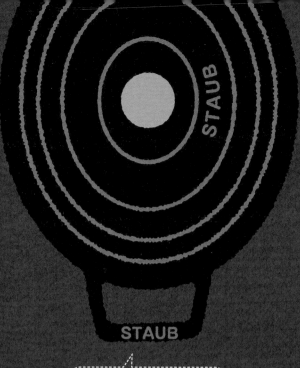

STAUB

可以節省料理時間

完整保留食材營養

STAUB

STAUB

我最愛鑄鐵鍋料理

「鑄鐵鍋」
料理日日美味

井澤由美子

Contents

本書的使用方法
● 基本上，鍋子是使用Staub公司製的「Pico cocotte 圓鍋」20cm&22cm、「Pico cocotte 橢圓鍋」23cm，以及「Braiser平底鍋(Saute Pan)」24cm(只有少數幾道料理是使用小尺寸的鍋子烹調)。
● 關於計量單位，計量匙1大匙＝15ml、1小匙＝5ml、量杯1杯＝200ml。
● 本書是使用柴魚和昆布熬煮的高湯。若選用市售的和風高湯，請嚐過味道後，再斟酌使用鹽分用量。
● 蔬菜料理的作法中，不論有無特別標示，都需先完成清洗、去皮等作業後再進行烹調步驟。
● 作法中的火力，未特別標示的情況下，請採用「中火」來烹調。
● 標示的加熱時間，是指以鑄鐵鍋加熱烹調的時間。不包含使用微波爐或利用其它鍋子烹調的時間。
● 標示的燜置時間，是指在蓋上鍋蓋的狀態下，熄火後以餘溫燜置的時間。
● 標示的靜置時間，是指在打開鍋蓋的狀態下，熄火後以餘溫繼續熟成的時間。
● 烹調時間是大致的基準。根據使用的用具、食材大小、火力調整等不同情況，會產生不同的狀況，請一面觀察料理的情況，一面調整火力或烹調時間。
● 書中有使用木製落蓋，可在39元日系商店購買，也可將烘焙紙或錫箔紙剪成圓形,中間剪少許的小洞讓蒸氣可對流來替代使用。

Part 1

適合特別日子的款待
用鑄鐵鍋烹調豐盛料理

Part 2

20分鐘內加熱完成
迅速又美味！每日的家常菜

用鑄鐵鍋開Party！

適合搭配葡萄酒
酒吧下酒菜

還擅長這類料理 之❷
豆類家常菜

Part 3

材料和調味料用量少
以蔬菜為主角的簡單家常菜

還擅長這類料理 之❸
披薩

還擅長這類料理 之❹
果醬和蜜漬水果

Other

烹飪任何料理
都美味得讓人感動！

「鑄鐵鍋」

1

2

3

釘點能讓
食材水分
有效率地循環

所謂的釘點(pico)，是指均勻分布於鍋蓋內側的小突起。當鍋子變熱後，從食材中滲出的水分會形成蒸氣，在鍋裡對流循環，形成凝縮美味的水滴，沿著釘點均勻地滴在食材上，因此能烹調出濕潤、美味的料理。

均勻導熱不耗能，
保溫性也優異！

鑄鐵鍋以厚鑄鐵製成，保溫性佳，整個鍋子能循環導熱，所以食材能夠均勻受熱。這樣的話，食材不會煮得碎爛，也能充分入味。而且熄火後，鍋子也不易變涼，能夠利用餘熱繼續烹調。

內側有
「黑色霧面琺瑯」
不易焦鍋

鑄鐵鍋的內面有獨特的黑色霧面琺瑯塗層加工，還有粗糙、細小凹凸的顆粒，能增加表面積，與油脂更能充分密合，減少了食材和鍋面的接觸，能夠避免燒焦的情況發生。此外，鑄鐵鍋也很耐酸，即使長時間使用，也不會沾染異味。

本書主要使用的「鑄鐵鍋」

★本書介紹的料理除了少數幾道外，其餘的都只要用這4種鑄鐵鍋中的任一種就能製作。

Pico cocotte 圓鍋
20cm／22cm(2.2ℓ／2.6ℓ)

從燉煮到炊蒸、燒烤等，所有料理均能使用的基本款圓鍋。

Pico cocotte 橢圓鍋
23cm(2.3ℓ)

尤其在要烹調整條魚、帶骨雞肉或長條蔬菜時，使用這款橢圓鍋最方便。

料理的 4 大美味原因

4

能運用各種熱源
烹調料理

鑄鐵鍋的優點在於能廣泛對應各種熱源，如爐火、電磁爐(IH)、鹵素爐、烤箱等，但是微波爐不適用。此外，鍋蓋把手也是耐高溫材質，鍋子可以加蓋後放入烤箱烘烤。

使用鑄鐵鍋
的注意事項…

務必使用隔熱手套

烹調中或烹調後，鍋子本身、鍋耳或鍋蓋把手都會變熱。請勿直接用手觸碰，一定要使用隔熱手套。

請勿使用金屬廚具

金屬材質的湯杓、湯匙或鍋鏟等，會損壞鍋子內側的琺瑯加工塗層。請使用木製或矽膠材質的烹調廚具。

避免用大火猛烈加熱或急速冷卻

劇烈的溫度變化易損傷鑄鐵鍋，所以請避免突然以大火猛烈加熱。使用時必須先用小火、再轉中火來加熱。使用完畢的熱鍋子也要避免用水急速冷卻

用海綿清洗，再徹底晾乾

使用完的鑄鐵鍋放涼後，用沾了中性洗潔劑的柔軟海綿清洗。洗淨後要將水分擦乾，待完全晾乾後再收納。尤其是鍋緣容易生繡，需特別留意。

鍋子燒焦時

鍋裡注水，加入適量的小蘇打粉，煮沸數分後熄火，靜置待涼，再用中性洗潔劑清洗。若洗一次還無法洗乾淨的話，同樣步驟再重複數次。請勿使用金屬刷、清潔劑或漂白劑等大力刷洗，以免損傷琺瑯加工塗層。

Braiser 平底鍋

24cm(2.4ℓ)

這款鑄鐵鍋廣口淺身，方便舀取和分裝料理。適合烹調火鍋料理、披薩及西班牙海鮮飯等。

適用於派對場合。
小型鑄鐵鍋也
很受歡迎！

0.8～1.4ℓ的小尺寸鑄鐵鍋容量小，適合炊煮小菜、下酒菜或1人份的米飯等。外觀很可愛，可以直接端上桌享用。若要款待賓客等場合時，擁有這類型的小鍋就很方便。

Pico cocotte
圓鍋
(14cm / 0.8ℓ)

Pico cocotte
圓鍋
(16cm / 1.4ℓ)

Pico cocotte
橢圓鍋
(17cm / 1.0ℓ)

鑄鐵鍋
擅於這樣烹調

擁有優良的導熱性和保溫性的鑄鐵鍋，最擅於呈現出食材的原味。
請先體驗看看，這些能展現鑄鐵鍋優異性能的簡單烹調法。

只用小火燉煮
肉質就能軟嫩

導熱性佳的鑄鐵鍋，用小火加熱，內部也能保持高
溫，熱度能高效循環不耗能，不僅烹調的時間比用
一般的鍋子來得短，完成的肉類也特別軟嫩多汁。

加熱時間
30分

番茄燉肉

只需用番茄的水分燉煮20分鐘，就能使肉質呈現像經過長時間
燉煮般的軟嫩。這就是食材鮮味不流失的鑄鐵鍋魅力。

材料（2～3人份）

厚切豬五花肉(烤肉用)、
　　或豬五花肉塊 ---- 300g
番茄(大) ---- 2個
大蒜 ---- 1/2瓣
鹽、粗磨黑胡椒、麵粉 ---- 各適量
橄欖油 ---- 1大匙

作法

1 將豬肉斷筋、輕拍(肉塊切成1cm厚)，放在調理盆
中，撒上鹽1/3小匙、少許黑胡椒、麵粉，一起拌
勻稍醃。番茄切大塊。大蒜切薄片。

2 將橄欖油和大蒜放入鍋裡炒香，再放入豬肉，用稍
弱的中火將兩面煎呈金黃色。

3 將豬肉撥到鍋裡一側，番茄放入另一側，撒入少量
鹽，用小火煮5分鐘。將整體拌勻後蓋上鍋蓋，用
小火煮20分鐘。打開鍋蓋，加入鹽和黑胡椒調味，
若有義大利香芹的話，切碎撒上搭配享用。

使用20cm的圓鍋

為了方便食用，豬肉要斷
筋並拍軟，燉煮前要先煎
過，以增加香味。

將鹽撒在番茄上，稍微煎
一下，直到番茄變軟、滲
出水分即可。

利用燜煮法
濃縮美味

鑄鐵鍋的鍋蓋以穩固厚重，內有突起的釘點設計為特點。因為這個鍋蓋，能讓水蒸氣保有食材鮮味並在鍋內有效循環，大大提升美味度。

加熱時間
30分

油煮山椒洋蔥雞

雞肉包覆著洋蔥的甜味，洋蔥也吸附著雞肉的鮮味，
完成絕妙的料理風味！兩種食材都有著軟嫩的口感。

材料（2～3人份）

帶骨雞腿肉 ---- 2隻
洋蔥 ---- 2個
山胡椒(鹽漬) ---- 1～2大匙
粗鹽 ---- 比1大匙稍少
橄欖油 ---- 2～3大匙

作法

1 將雞肉和粗鹽放入塑膠袋中揉搓，整體入味後靜置約1小時備用(也可以放入冷藏靜置一晚)。

2 洋蔥縱切一半。

3 在鍋中依序放入洋蔥、雞肉、山胡椒。繞圈淋上橄欖油，蓋上鍋蓋開火加熱，一邊不時搖晃鍋子，一邊用小火燉煮30～40分鐘，直到肉質變得軟嫩後熄火。

使用23cm的橢圓鍋

烹調重點在於將雞肉放在洋蔥上。若沒有山胡椒，也可用粗磨黑胡椒或喜愛的香料替代。

儘管一滴水都沒加，洋蔥卻能釋出意想不到的大量水分。

③

透過蒸烤
蔬菜營養不流失

若使用能鎖住水分與熱能的鑄鐵鍋，只要加入少量水(或不加水)，就能在短時間內蒸烤完成，因此營養不易流失。此外，蔬菜色澤也會更加鮮麗可口。

加熱時間
6分

蒸烤高麗菜

在鍋裡放滿高麗菜，能完成保有鮮麗色澤與口感的溫沙拉。
雖然份量十足，不過吃再多也不膩，還越吃越美味。

材料 (2～3人份)

高麗菜 ---- 500g
培根 ---- 5～6片(100g)
鹽 ---- 比1小匙稍少
白酒(或水) ---- 2大匙
粗磨黑胡椒 ---- 適量

作法

1 將高麗菜放在水中浸泡5分鐘，瀝乾之後再切成3等份。

2 在鍋裡放入高麗菜，撒上鹽，鋪上培根，再倒入白酒。蓋上鍋蓋開火加熱，蒸烤6～8分鐘，最後撒上黑胡椒即完成。

使用20cm的圓鍋

鹽除了調味外，還能提引出高麗菜的甜味及美味。若用鑄鐵鍋烹調，即使高麗菜切得很大塊，短時間內也能煮熟。

為了能讓培根的美味充分被高麗菜吸收，可將培根用包捲的感覺覆蓋在高麗菜外圍。

迅速煮出
香噴噴的米飯

用鑄鐵鍋煮飯，因為鍋蓋有重量，使得湯汁不易溢出，而且慢火加熱也不耗火力，煮出來的米飯粒粒飽滿又美味。

加熱時間
15分
＋
燜置時間
5分

米飯

煮好的米粒粒粒飽滿，晶瑩剔透！
能更突顯出米的甜味，讓人想再來一碗。

材料（2量米杯份）

米 ---- 360㎖（2量米杯）
昆布 ---- 3cm方形(依個人喜好)

作法

1 將米倒入篩網中，大致清洗後瀝乾。倒入調理盆中，再清洗2～3次，直到水不再白濁後，泡水30分鐘。

2 將米倒入篩網中，徹底瀝乾水分，倒入鍋中，加水360㎖，放入昆布，蓋上鍋蓋，用稍大的中火加熱。煮沸後轉極小火，約煮13分鐘。熄火，再燜5分鐘，取出昆布，用飯杓輕輕切拌。

＊ 糙米的煮法請參照p.37

＊ 若沒有時間讓米泡水時，可以瀝乾水分後直接放入鍋中，再加入份量的水以及少許酒來炊煮。

煮米飯時
鑄鐵鍋的大小基準

〈Pico cocotte 圓鍋〉

18cm ---- 360㎖(2量米杯)

20cm ---- 360～540㎖(2～3量米杯)

22cm ---- 540～720㎖(3～4量米杯)

24cm ---- 720～900㎖(4～5量米杯)

〈Pico cocotte 橢圓鍋〉

23cm ---- 360～540㎖(2～3量米杯)

27cm ---- 540～720㎖(3～4量米杯)

使用20cm的圓鍋

米泡水約30分鐘，瀝乾水分，放入鑄鐵鍋中，加等量的水來炊煮。昆布依個人喜好，放或不放均可。

蓋上鍋蓋後開始炊煮。厚重鍋蓋能使水蒸氣不易散失，所以能煮出飽滿又美味的米飯。

還有還有
也擅長
這樣烹調

烤箱也能使用

STAUB是鑄鐵琺瑯鍋，所以烤箱也適用。希望料理的食材表面能有適度的烤色，可將整個鍋子放入烤箱中烹調。

《酥烤沙丁魚 → p.29》

用少量的油炸出酥脆口感

保溫性絕佳的鑄鐵鍋，能使炸油的溫度保持穩定。因此，即使用少量的油，也能將食材內部充分炸熟，表面也能炸得酥脆美味。

《酥炸帶皮薯條 → p.84》

能將乾貨迅速煮成美味料理

需要花時間才能入味的乾貨，若使用鑄鐵鍋來燉煮，能大幅縮短烹調的時間。而且因為用少量的水就能煮好，所以能充分發揮乾貨特有的美味。

《五目豆 → p.72》

Part 1

適合特別日子
的款待
用鑄鐵鍋
烹調豐盛料理

大塊肉和整條魚的豪華系列、西班牙海鮮飯等華麗系列、
開心愉悅地多人共享鍋料理系列等美食，
若用鑄鐵鍋烹調能毫不費力，輕鬆完成豐盛料理。
鍋子具存在感的美觀設計，
即使直接端上餐桌，也能如畫一般美麗。

日式叉燒肉

將豬肉表面適度煎烤後，蓋上鍋蓋慢慢燜透即可。
用餘溫燜熟的方法，讓肉質豐潤多汁！

材料 (4人份)

豬肩里脊肉 ---- 480g
櫛瓜 ---- 1 條
鹽 ---- 2 小匙
粗磨黑胡椒 ---- 少許
醬油 ---- 1/2～1 小匙
A｜太白粉 ---- 1/2 小匙
　｜水 ---- 3 大匙
橄欖油 ---- 1 大匙

作法

1　鹽、黑胡椒拌勻，均勻塗抹在整塊豬肉上。

2　橄欖油放入鍋裡燒熱，放入豬肉，將整體煎烤到呈
　　適度的焦色。放入櫛瓜，蓋上鍋蓋，用小火燜烤
　　3～4分鐘。熄火，燜置約20分鐘後取出。

3　在殘留肉汁的鍋中，放入醬油，材料 **A** 拌勻後也
　　淋入，待煮滾後即完成醬汁。

4　將肉和櫛瓜切成容易食用的大小，盛盤，淋上 **3** 的
　　醬汁即完成。

`使用22cm的圓鍋`

蓋上鍋蓋燜烤後，再燜置
20分鐘。利用餘溫燜熟，
也能讓肉質更軟嫩多汁。

法式蔬菜燉肉湯

讓蔬菜保有大塊圓潤且不碎裂，呈濕潤柔軟的口感。
調味簡單，能充分展現培根的美味與蔬菜的甜味。

加熱時間
35分

材料 (2～3人份)

培根(塊狀) ···· 250g
洋蔥 ···· 2個
紅蘿蔔(小) ···· 1條
馬鈴薯 ···· 2～3個
丁香 ···· 3粒
酒 ···· 2大匙
鮮雞湯粉 ···· 2小匙
鹽、胡椒 ···· 各少許

作法

1　培根切成一口大小。洋蔥的上部和根部稍微切除。
紅蘿蔔切成 3～4 塊。馬鈴薯切成 2～3 塊，放在水
中浸泡約 5 分鐘，再瀝乾水分。

2　將 **1** 放入鍋裡，把丁香刺入培根和蔬菜上，也放入
鍋中。加入酒、水600㎖和鮮雞湯粉，開火加熱，
煮沸後蓋上鍋蓋，轉小火燉煮30～40分鐘，最後
加鹽和胡椒調味。

使用20cm的圓鍋

燉煮日式滷肉

用鑄鐵鍋細火慢燉，煮到用筷子就能將肉輕鬆撥開般的軟嫩就完成了。
依個人喜好，可加入水煮蛋、小松菜等青菜、根菜類一起燉煮。

加熱時間
45分
+
燜置時間
30分

材料（4人份）

豬五花肉塊 ···· 500g
蔥(蔥綠部分) ···· 2 支份
薄薑片(帶皮) ···· 3 片
紅辣椒 ···· 1 條
燒酎(或酒) ···· 200㎖

A 醬油 ···· 60㎖
粗砂糖(或二砂糖、三溫糖)
···· 4 ～ 5 大匙

作法

1 豬肉切對半。

2 熱鍋，將豬肉油脂面朝下放入鍋中。煎到呈焦色後翻面，直到整體呈焦色為止。

3 用廚房紙巾擦除鍋內多餘油脂，放入蔥、薑片、紅辣椒、燒酎、水500㎖後開火加熱。煮沸後撈除浮沫，蓋上鍋蓋，用小火燉煮30分鐘。取出肉後，將肉切半。

4 再將肉塊放回鍋中，加入 **A**，放上木製落蓋，用中火煮10～20分鐘，熄火，燜置約30分鐘。將肉切成易食用大小，食用前須加熱。

使用20cm的圓鍋

在燉煮豬肉前須先煎，將多餘的油脂去除並鎖住鮮味。因為從油脂面開始煎烤，所以鍋裡不加入油也可以。

加入燒酎，讓肉質煮得更軟嫩。若沒有燒酎，一般的酒也OK。

培根高麗菜卷

鑄鐵鍋能將高麗菜迅速煮熟，即使水分少，美味也不流失。
透過煎烤能讓高麗菜增加鮮甜及香氣，美味度大幅提升！

材料（2人份）

高麗菜 ---- 8 片
培根(切厚片) ---- 4 片
番茄 ---- 1/2個
A｜ 豬、牛混合絞肉 ---- 150g
　｜ 洋蔥切末 ---- 1/2個份
　｜ 蛋 ---- 1 顆
　｜ 麵包粉 ---- 1/2 杯
　｜ 鹽、胡椒 ---- 各少許
雞湯塊 ---- 1 個
橄欖油 ---- 1 大匙

作法

1　用足量的熱水將高麗菜煮軟，瀝除湯汁(湯汁須保留備用)。削下較硬的菜梗並切碎。培根切成長 4 cm片。番茄切大塊。

2　在調理盆中放入 A 和切碎的高麗菜梗充分混拌，分成 4 等份。

3　以 2 片高麗菜為 1 份，將菜梗交錯重疊，放入 1 份 **2**，包捲起來。

4　橄欖油放入鍋裡燒熱，再將 **3** 的高麗菜卷底端朝下放入，煎到上色後翻面。在空隙處放入高麗菜的外葉來固定高麗菜卷，放入 **1** 的湯汁200㎖和雞湯塊。再放入培根、番茄，蓋上鍋蓋，煮沸後用小火燉煮15分鐘。

使用20cm的圓鍋

包捲完成後，慢慢煎到呈焦色，燜煮時高麗菜才不會散開。

奶油栗子蘑菇燉羊小排

用小火慢慢燉煮，完成後肉質軟嫩多汁。
請搭配吐司享用，就能充分品嚐美味的煮汁。

加熱時間
30分

材料 (2～3人份)

羊小排 ---- 250～300g
洋蔥(小) ---- 1個
杏鮑菇(大) ---- 1支
蘑菇 ---- 6個
糖煮甘栗(市售) ---- 1袋(40g)
鹽 ---- 適量
粗磨黑胡椒 ---- 少許
麵粉 ---- 適量
A │ 水 ---- 200㎖
  │ 鮮奶油 ---- 100㎖
  │ 鮮雞湯粉 ---- 1大匙
  │ 法式黃芥末醬 ---- 2小匙
橄欖油 ---- 1大匙

作法

1 在羊肉上撒上1/3小匙的鹽和黑胡椒，薄薄沾上一層麵粉。洋蔥切薄片。杏鮑菇縱向撕小片。蘑菇除去硬蒂。

2 橄欖油放入鍋裡燒熱，放入洋蔥，炒軟後撥至鍋邊。放入羊小排煎到呈適度的焦色。加入 A，煮沸後加入杏鮑菇、蘑菇和糖煮甘栗，蓋上鍋蓋，用小火燉煮15～20分鐘。邊試味道，邊加入鹽調味。

3 盛盤，若有吐司的話，可以搭配享用。

使用23cm的橢圓鍋

羊肉煎到散發出適度的焦香味後再燉煮。加入鮮奶油等調味料後，再放入蕈菇類材料。

橙香豬小排

加熱時間
20分

柳橙汁和麵味露是美味的關鍵。豬小排先浸泡
在加了砂糖和鹽的水中，完成後口感軟嫩無比。

材料 (3〜4人份)

豬小排 ---- 500g
大蒜 ---- 1瓣
A │ 白砂糖 ---- 2大匙
　 │ 鹽 ---- 1大匙
鹽 ---- 1/3小匙
粗磨黑胡椒 ---- 少許
酒 ---- 3大匙
柳橙汁(100%果汁) ---- 100㎖
麵味露(3倍濃縮) ---- 2〜2.5大匙
橄欖油 ---- 1大匙

作法

1 將豬小排放在調理盆中，倒入蓋過肉的水。加
　 入A混合，靜置30分鐘，再用篩網撈出。

2 擦乾豬小排的水分後，再塗搓上鹽和黑胡椒。大蒜
　 壓碎。

3 橄欖油放入鍋裡燒熱，放入豬小排後煎到適度焦
　 色。加入酒、柳橙汁和大蒜，蓋上鍋蓋，煮沸後轉
　 稍大的中火燉煮8〜10分鐘。

4 醬汁煮至還殘留些在鍋底的程度後，將肉翻面，加
　 入麵味露後混拌，使肉呈現光澤。盛盤，若有柳橙
　 的話，可以搭配享用。

使用22cm的圓鍋

法式醬汁味噌燉牛腱

用加入了法式醬汁的味噌來燉煮牛腱，和紅酒相當對味。
與大蒜麵包搭配的吃法，深受大眾的歡迎。

加熱時間
1小時
40分

材料（3～4人份）

牛腱＋牛筋 ---- 共600g

白蘿蔔 ---- 300g

蒟蒻(事先汆燙) ---- 1/2片

紅辣椒 ---- 1條

酒 ---- 100㎖

A | 法式醬汁(多明格拉斯醬)罐頭 ---- 1罐(約300g)
　 | 紅味噌 ---- 3大匙
　 | 粗砂糖(或二砂糖、三溫糖) ---- 5大匙

作法

1 在鍋裡放入牛肉，加入足量的水，用稍小的中火燉煮約1小時後，瀝除湯汁。

2 白蘿蔔切成5㎜厚的半月形。蒟蒻切成5㎜厚度，易食用大小為主。

3 在鍋裡放入 **1**、**2**、去除籽的紅辣椒、酒、水600㎖，開火加熱，煮沸後蓋上鍋蓋，用小火約煮20～30分鐘。加入 **A**，蓋上鍋蓋燉煮15分鐘。

4 盛盤，依個人喜好加入少量的日本芥末醬，搭配大蒜麵包一起享用。

＊ 料理快完成時，加入法式醬汁和味噌，以保留風味。味噌不一定要紅味噌，白味噌或喜歡的種類都可使用。

使用22cm的圓鍋

將牛腱和牛筋用水煮約1小時，直到肉質變軟為止，再去除多餘的油脂和污物。若煮汁變少，可加入適量的水補足。

黑胡椒雞肉丸江戶風味煮物

利用雞翅的精華提煉出鮮美高湯來燉煮。
雞肉丸中加入大量粗磨黑胡椒，好吃到無法用言語來形容。

加熱時間
35分

材料 (2～3人份)

雞絞肉 ---- 400g
雞翅 ---- 5隻
白蘿蔔 ---- 1/3條
竹輪麩 ---- 1根
黑木耳(乾燥) ---- 2大匙
A ┃ 蔥花 ---- 10cm份
　┃ 黑胡椒粗粒 ---- 1小匙
　┃ 麻油 ---- 1小匙
　┃ 鹽 ---- 1/4小匙
B ┃ 醬油、酒 ---- 各2～3大匙
　┃ 味醂 ---- 1大匙

作法

1　白蘿蔔切成2cm厚的圓片，切十字形切口。

2　製作高湯。在鍋裡放入雞翅、**1**和水600㎖，開火加熱，煮沸後蓋上鍋蓋，用小火燉煮20分鐘。

3　在調理盆中放入絞肉和**A**，充分攪拌。竹輪麩斜切成1cm厚。木耳清洗後浸泡於水待變軟，瀝除水分，若太大塊的話，切成易食用的大小。

4　取出**2**的雞翅。在高湯裡加入**B**調味，放入竹輪麩和木耳。煮沸後用湯匙舀取雞肉丸加入高湯裡，蓋上鍋蓋，用稍小的中火燉煮10分鐘。

＊ 竹輪麩的原料是麵粉，如果不易購買，可用魚漿做的竹輪來代替。
＊ 黑胡椒粗粒，是用布巾包住黑胡椒，放在砧板上用桿麵棍簡單敲打製成。若使用粗磨黑胡椒的話，是加入1/4小匙的份量。
＊ 將鹽撒在取出的雞翅上，表面再沾上一層薄薄的太白粉，煎到外表香酥，撒上山椒粉和七味粉，就能做為下酒菜。也可弄碎做成涼麵的配料。

使用22cm的圓鍋

‖ 海鮮料理 ‖

加熱時間
10分

馬賽魚湯

可以邊沾取蒜味醬，邊享用的馬賽魚湯。
燉煮時能保留完整的海鮮原味，使魚湯顯得格外地美味。

材料 (2～3人份)

魷魚 ---- 1尾
蝦子 ---- 10尾
蛤蜊(已吐沙) ---- 200g
水煮干貝(小) ---- 12個
洋蔥 ---- 1/2個
西洋芹 ---- 2支
大蒜 ---- 1/2瓣
番紅花 ---- 1/2小匙
白酒 ---- 50㎖
A | 美乃滋 ---- 4大匙
　 | 蒜泥、橄欖油 ---- 各1/2小匙
　 | 辣椒粉(依個人喜好) ---- 少許
橄欖油 ---- 1大匙

作法

1 番紅花放入白酒中，浸泡5分鐘備用。

2 將魷魚的內臟、眼睛和嘴去除。身體切小段圈狀，背鰭和腳切成易食用大小。蝦子剝殼、挑除腸泥。蛤蜊的殼與殼互相搓洗，再瀝乾水分。洋蔥、大蒜分別切薄片。西洋芹去除表皮粗纖維，斜切成薄片。

3 橄欖油放入鍋裡燒熱，加入洋蔥、大蒜和西洋芹拌炒，炒軟後加入 1 和水400㎖。煮沸後依序加入蛤蜊、干貝、魷魚和蝦子，蓋上鍋蓋燉煮4～5分鐘。

4 將 A 混拌均勻，完成蒜味醬。

5 將 3 盛盤，若有蒔蘿的話可以撒入，再和蒜味醬一起搭配享用。

使用20cm的圓鍋

蒸烤三線雞魚

整條魚完整蒸烤，更能展現款待賓客的誠意。
訣竅在於加入大量的百里香和大蒜，增添芳香美味。

加熱時間
8分

材料（2人份）

三線雞魚(黃雞魚) ---- 1尾
大蒜(連皮) ---- 2瓣
百里香 ---- 7～8枝
鹽 ---- 1/3小匙
粗磨黑胡椒 ---- 少許
白酒、橄欖油 ---- 各2大匙

作法

1　大蒜連皮壓碎。

2　將三線雞魚的魚鱗、魚鰓和內臟去除，徹底洗淨，擦乾表面水分。在魚腹中塞入大蒜1瓣、百里香5～6枝。

3　在鍋裡放入大蒜1瓣，上面放上三線雞魚，撒上鹽和黑胡椒。放入剩餘隨意撕碎的百里香，淋上白酒、橄欖油，蓋上鍋蓋，蒸烤8～10分鐘直到熟透。

使用23cm的橢圓鍋

＊這道料理必須使用橢圓鍋來烹調。

在魚腹中塞入大蒜和百里香，除了能消除腥味外，還可增添芳香。

酥烤沙丁魚

趁熱食用最美味可口，料理上桌後請馬上品嚐。
建議用麵包一面沾取內臟和醬汁，一面享用。

材料（3～4人份）

沙丁魚 ···· 5尾
馬鈴薯(小) ···· 10個
檸檬 ···· 1/2個
紅辣椒 ···· 1條
鹽 ···· 1/2～1小匙
橄欖油 ···· 2大匙

作法

1 馬鈴薯連皮徹底洗淨，放入耐熱容器中，鬆鬆地鋪上保鮮膜，放入微波爐(600W)加熱3分鐘。

2 沙丁魚洗淨，擦乾水分。檸檬切成5㎜厚的圓片。

3 在鍋中不重疊地排入沙丁魚，放上馬鈴薯、檸檬和紅辣椒，撒上鹽，繞圈淋上橄欖油。

4 放入已預熱至220℃的烤箱中，烤10～15分鐘。依個人喜好，搭配法國麵包。

＊ 不喜歡沙丁魚內臟的人，也可以去除內臟後再烹調。

> **使用24cm的平底鍋**

＊也可使用22cm的圓鍋，作法相同。

鑄鐵鍋也能用烤箱烹調！將材料放入鍋中，就可以連鍋直接放入烤箱，非常簡便輕鬆。

加熱時間
20分

法式燜蔬菜

用蔬菜和番茄罐頭的水分燉煮出美味和甜味。
趁熱放上起司,牽絲濃郁的口感更具有盛筵的感覺。

材料(3～4人份)

櫛瓜 ---- 1 條

茄子 ---- 2 個

甜椒(黃) ---- 1 個

番茄罐頭(切塊) ---- 1 罐(400g)

鮮雞湯粉 ---- 1 大匙

鹽 ---- 適量

胡椒 ---- 少許

橄欖油 ---- 1 大匙

使用喜歡的起司、特級冷壓橄欖油
　(裝飾用) ---- 各適量

作法

1 將櫛瓜、茄子和甜椒切成一口大小。

2 橄欖油放入鍋裡燒熱,放入 1 拌炒至整體都裹上
油,撒入少許鹽。加入番茄、鮮雞湯粉和胡椒,蓋
上鍋蓋,煮沸後轉小火煮15～20分鐘。邊試味
道,邊加入鹽調味。

3 盛盤,放上喜歡的起司,淋上特級冷壓橄欖油。

＊ 起司建議可使用羊乳起司(Goat milk cheese)或是羅馬羊乳起司
(Pecorino romano)。使用卡門貝爾起司(Camembert cheese)
或水洗起司也可以。

使用22cm的圓鍋

拌炒到蔬菜整體與油融合
後,加入番茄罐頭。除了
蔬菜外,加入油豆腐等也
很適合。

31

焗烤薄片馬鈴薯

加入大量起司，即使沒有拌炒，煮好後也很濃郁夠味。
將橄欖油和麵包粉拌勻後烤酥，撒上後能讓口感更特別。

加熱時間
20分

材料 (2人份)

馬鈴薯 ---- 3 個
洋蔥(小) ---- 1 個
披薩專用起司絲 ---- 適量
鹽 ---- 少許
A | 鮮奶油、水 ---- 各100㎖
　　| 鮮雞湯粉 ---- 1 大匙
麵包粉 ---- 5 大匙
奶油 ---- 1 大匙
橄欖油 ---- 2 小匙
巴西里末、粗磨黑胡椒 ---- 各適量

作法

1 馬鈴薯切成 5 ㎜厚的圓片(不泡水)。
　洋蔥切薄片。

2 在鍋裡放入奶油，鋪放洋蔥、鹽，
　上面放上馬鈴薯。加入 **A** 後燉煮，
　煮沸後蓋上鍋蓋，再用小火煮15
　分鐘。

3 拿起鍋蓋，撒上起司，再蓋上鍋
　蓋，用小火煮 3 分鐘。

4 麵包粉中加入橄欖油混拌融合，鋪
　放在烤盤上，放入烤箱烤至呈適度
　的焦色。

5 將 **3** 盛盤，撒上 **4**、巴西里末和黑
　胡椒，可依照個人喜好，撒上肉荳
　蔻粉。

使用20cm的圓鍋

在鍋裡鋪滿洋蔥
後，將馬鈴薯片
部分重疊排列在
洋蔥上。希望馬
鈴薯能呈現天然
的濃稠感，所以
處理時不泡水。

根菜味噌煮

即使這樣簡單烹調，鑄鐵鍋也能使料理美味大增！
只用味噌等調味料燜煮，就能吃到蔬菜濃縮的美味。

加熱時間
10分

材料（2～3人份）

紅蘿蔔 ---- 1/3條
蓮藕 ---- 1節
白蘿蔔 ---- 1/5條
牛蒡 ---- 1/2根
味噌、酒、味醂 ---- 各3大匙

作法

1 將紅蘿蔔、蓮藕和白蘿蔔分別切成5㎜厚的圓片。牛蒡削薄片。蓮藕和牛蒡要分別泡水，使用前再瀝乾水分。

2 將味噌、酒和味醂充分混拌均勻。

3 在鍋裡放入1，繞圈淋上2。蓋上鍋蓋開火加熱，煮沸後轉小火，燜煮10～15分鐘。

使用23cm的橢圓鍋

味噌加酒和味醂拌勻，會變得較不濃稠，就能均勻地淋在蔬菜上。

‖ 米飯 ‖

玉米飯

在盛產美味玉米的夏季裡，請務必製作這道米飯嚐嚐。
若加入玉米鬚和梗，不論甜味、美味和營養價值都滿分！

加熱時間
15分
+
燜置時間
5分

材料 (2～3人份)

米 ---- 360㎖(2量米杯)
玉米 ---- 2條
A｜酒 ---- 1大匙
　｜鹽 ---- 1/3小匙

作法

1 將米倒入篩網中，大致清洗後瀝乾。倒入調理盆中，清洗2～3次，直到水不再白濁後，泡水30分鐘。

2 玉米去皮，將漂亮的鬚根切成2cm長，用刀切下玉米粒(保留玉米梗)。

3 將米倒入篩網中，充分瀝除水分，倒入鍋中。加入水340㎖，再加入 A 混拌，放入玉米粒、鬚根和玉米梗，蓋上鍋蓋，用稍大的中火加熱。煮沸後轉極小火加熱13分鐘。熄火，燜放約5分鐘，挑除玉米梗，用飯杓輕輕切拌。

使用23cm的橢圓鍋

務必加入具有排毒作用的玉米鬚。再放入玉米梗炊煮，味道更鮮甜。

薑味鯛魚炊飯

口中飄散著鯛魚高雅的鮮味和薑的香氣。
若米飯中有加入調味料，請混勻後再放上配料。

加熱時間
15分
+
燜置時間
5分

材料 (2～3人份)

米 ---- 360㎖(2量米杯)
鯛魚生魚片 ---- 10片
薑 ---- 2塊
A｜酒 ---- 2大匙
　｜醬油 ---- 1大匙
　｜鹽 ---- 1/3小匙

作法

1 將米倒入篩網中，大致清洗後瀝乾。倒入調理盆中，清洗2～3次，直到水不再白濁後，泡水30分鐘。

2 薑徹底洗淨，連皮直接切成細絲。

3 將米倒入篩網中，徹底瀝除水分，倒入鍋裡加入水310㎖，加入 A 混拌，放入鯛魚和薑絲。蓋上鍋蓋，用稍大的中火加熱。煮沸後轉極小火加熱13分鐘。熄火，燜放約5分鐘，用飯杓輕輕切拌。

使用22cm的圓鍋

新加坡雞肉飯

加入香菜根炊煮，完成後散發出截然不同的香氣。
不喜歡香菜的人，可換成奶油製作出美味的奶油雞肉飯。

加熱時間
15分
+
燜置時間
5分

材料(2～3人份)

米 ---- 360㎖(2量米杯)

雞腿肉 ---- 1片(300g)

大蒜 ---- 1/2瓣

薑 ---- 1塊

香菜 ---- 2把

鹽 ---- 1/2小匙

A 酒 ---- 2大匙

　　醬油、鹽 ---- 各1/3小匙

B 紅辣椒切圈狀 ---- 1條份

　　蠔油 ---- 1大匙

　　水 ---- 2小匙

　　薑泥、醬油 ---- 各1小匙

作法

1 將米倒入篩網中，大致清洗後瀝乾。倒入調理盆中，再清洗2～3次，直到水不再白濁後，泡水30分鐘。

2 將鹽撒在雞肉上。碾碎大蒜，薑切薄片。切除香菜根部(保留備用)後，再切成2cm段。

3 將米倒入鍋裡，加入水330㎖，加入 **A** 混拌，放入雞肉、大蒜、薑和香菜根。蓋上鍋蓋，用稍大的中火加熱。煮沸後轉極小火煮13分鐘。熄火，燜放約5分鐘，取出雞肉和香菜根，用飯杓輕輕切拌。

4 將 **3** 的米飯盛盤，放上切成易食用大小的雞肉。加上香菜，或依個人喜好可加上小黃瓜片，再淋上充分拌勻的 **B** 醬汁享用。

使用22cm的圓鍋

奶油起司糙米燉飯

用鑄鐵鍋炊煮糙米，不論硬度或風味最適合製作義式燉飯。
混合數種起司一起使用，能增添深厚濃郁的誘人美味。

加熱時間
7分

材料（2人份）

糙米飯 ---- 1 杯(200g)

洋蔥 ---- 1/4個

起司任 2 種(藍黴起司、披薩專用起司絲、起司粉等) ---- 各1～2大匙

A｜鮮奶油 ---- 100㎖
　｜水 ---- 130㎖
　｜鮮雞湯粉 ---- 2 小匙

橄欖油 ---- 2 小匙

粗磨黑胡椒 ---- 適量

作法

1 洋蔥切薄片。

2 橄欖油放入鍋裡，用稍弱的中火燒熱，放入洋蔥炒到變軟，再加入 **A**、糙米飯和起司，煮沸後續煮 2～3 分鐘。整體拌勻後試味道，若不夠鹹的話，可加入起司調整。

3 盛盤，撒上黑胡椒。

> 使用20cm的圓鍋

糙米飯的煮法

材料（2～3人份）

糙米 ---- 360㎖(2 量米杯)

昆布(依個人喜好) ---- 3 cm方形

粗鹽 ---- 2 小撮

作法

1 糙米洗淨，加入水浸泡半天(6 小時)。

2 將米倒入篩網中，徹底瀝除水分，倒入鍋中，加入水600㎖、粗鹽混拌，放上昆布，蓋上鍋蓋，用稍大的中火加熱。煮沸後轉極小火，加熱35～40分鐘。熄火之後，燜放約10分鐘。

西班牙海鮮飯

番紅花和蝦子具有溫暖身體的作用，推薦在寒冷的日子裡享用。
連同鑄鐵鍋一起上桌，料理不易變涼，看起來又美觀，適合款待賓客。

加熱時間
20分

材料 (3～4人份)

米 ---- 540㎖(3量米杯)
蝦子(大) ---- 5尾
雞中翅 ---- 6隻
貽貝 ---- 5個
洋蔥 ---- 1/2個
大蒜 ---- 1/2瓣
番紅花 ---- 1/2小匙
白酒 ---- 2大匙
酒 ---- 1大匙
A │ 水 ---- 570㎖
  │ 鮮雞湯粉 ---- 1大匙
橄欖油 ---- 2大匙
檸檬 ---- 適量

作法

1 番紅花放入白酒中，浸泡5分鐘備用。

2 將酒灑在蝦子上。去除貽貝的足絲(夾在貝殼中黑絲狀物)，用刷子清洗。洋蔥隨意切碎，大蒜壓碎。

3 橄欖油放入鍋裡燒熱，放入大蒜和洋蔥拌炒，散發出香味後加入米，用稍小的中火將米炒到透明，小心不要炒焦。

4 放入蝦子、雞翅和貽貝，混合 1 和 A 後倒入，蓋上鍋蓋，用小火加熱15～20分鐘(若米還偏硬，可加入適量的水再稍微燉煮)。

5 將檸檬切成月牙狀做為配料，若有巴西里的話，可以切末撒上。

＊ 番紅花的色素容易融於液體中，浸泡於白酒中會釋出顏色，使料理的色澤更為鮮麗可口。

使用24cm的平底鍋

＊也可使用22cm的圓鍋，作法相同。

米不洗直接拌炒，能夠充分吸收高湯，製作出美味的燉飯。米粒炒到呈透明色澤後，是放入配料的最佳時間點。

將配料漂亮地排放到鍋裡，再倒入高湯，煮到米粒中還保有少許硬度是最理想的口感。

加熱時間
30分

鹽味什錦火鍋

烹調重點在於使用雞胗和雞翅 **2** 個部位來熬煮高湯。
雞胗能煮出喝起來舒暢的厚味高湯，也有助於胃部的消化。

材料（2～3人份）

雞胗 ---- 200g
二節翅 ---- 5隻
油豆腐皮 ---- 1片
白蘿蔔 ---- 10cm(300g)
牛蒡 ---- 1/3根
紅蘿蔔 ---- 1/2條
高麗菜 ---- 1/4個
鹽 ---- 適量
酒 ---- 50mℓ

作法

1 雞胗撒上1小匙鹽後揉搓，雞翅撒上2小匙鹽後揉搓，一起放置30分鐘～一晚(約8小時)備用。

2 雞胗大致清洗後瀝除水分，放入鍋中。加入雞翅、水800mℓ和酒，開火加熱，煮沸後轉小火，蓋上鍋蓋煮15分鐘。

3 油豆腐皮切成1 cm寬。白蘿蔔切扇形薄片，牛蒡斜切薄片後泡在水中，使用前再瀝除水分。紅蘿蔔切半月形薄片，高麗菜切成一口大小。

4 在 **2** 中放入白蘿蔔、紅蘿蔔和牛蒡，蓋上鍋蓋煮10分鐘，加入高麗菜、油豆腐皮再煮5分鐘。邊試味道，邊加入鹽調味。

使用22cm的圓鍋

最後建議加入烏龍麵更能有飽足感。加入煮好的烏龍麵(圖中是細麵)稍煮，撒上粗磨黑胡椒即可。

用雞胗和雞翅熬煮高湯。混合2種部位，能煮出風味濃厚的高湯。當然也能做為湯料食用。

韓國風牡蠣火鍋

這道典型韓國風火鍋不只辛辣，湯頭也很濃郁，能讓身體暖呼呼。
最後建議加入速食拉麵享用更有飽足感。

加熱時間
10分

材料 (2～3人份)

牡蠣 ---- 5～6個
白菜(梗的部分) ---- 3片份
紅蘿蔔 ---- 1/2條
金針菇 ---- 1袋
韭菜 ---- 1/2把
山茼蒿 ---- 1把
松子 ---- 2大匙
紅辣椒絲 ---- 適量
A | 小魚乾高湯 ---- 800㎖
　　| 韓國辣味噌 ---- 2～3大匙
　　| 味噌、醬油 ---- 各1大匙

作法

1 白菜切成易食用大小，紅蘿蔔切成5cm長的細條，金針菇切除根部弄散。韭菜和山茼蒿切成5cm長，牡蠣洗淨瀝除水分。

2 將**A**混合。

3 在鍋裡鋪入白菜，呈放射狀排入紅蘿蔔、金針菇、韭菜和山茼蒿，中間放入牡蠣。倒入**2**，撒上松子，放上紅辣椒絲，開火加熱。煮沸後再煮8～10分鐘直到食材熟透為止。

---

* 小魚乾高湯的作法
　小魚乾摘掉頭部，放入湯鍋中，注入適量水分，蓋上鍋蓋開火加熱，煮沸後轉小火，燜煮約15分鐘，熄火後撈除小魚乾即完成。

使用24cm的平底鍋

* 也可使用22cm的圓鍋，作法相同。

將白菜梗鋪在下面，其它配料繽紛地排放好。牡蠣煮太久會縮小，所以放在中間火候較小的地方，而且是放在蔬菜上。最後只要加入調味湯汁燉煮即可。

白扁豆蔬菜義大利湯麵

加熱時間
20分

蔬菜燉煮前先慢慢拌炒，充分釋出甜味與美味。
剛開始請直接享用，接著一面弄散蛋，一面搭配品嚐。

材料 (2人份)

白扁豆(水煮過·p.70) ---- 50g
洋蔥 ---- 1/2個
番茄 ---- 1個
紅蘿蔔 ---- 1/3條
西洋芹 ---- 1/2支
義大利短麵
（筆管麵、螺旋麵、通心麵等擇一） ---- 30g
蛋 ---- 2顆
鹽 ---- 適量
雞湯塊 ---- 1/2個
橄欖油 ---- 1大匙
粗磨黑胡椒、起司粉 ---- 各適量

作法

1 洋蔥切薄片。番茄、紅蘿蔔切成2cm小丁。西洋芹去除表皮粗纖維，斜切成薄片。

2 依標示的水煮時間，用加入鹽的足量熱水將義大利短麵煮熟。

3 橄欖油放入鍋裡燒熱，放入洋蔥、紅蘿蔔和西洋芹，炒到整體都沾裹油分，再加入水300㎖、番茄、白扁豆和雞湯塊。煮沸後蓋上鍋蓋，轉小火煮約10分鐘。加入瀝除湯汁的義大利麵，打入蛋，蓋上鍋蓋，用小火煮5分鐘。

4 盛盤，撒上粗磨黑胡椒和起司粉。

使用20cm的圓鍋

馬鈴薯蔥湯

這是法國的家常濃湯之一。使用洋蔥與蔥兩種蔥類
燉煮出甜味與濃郁口感，美味訣竅是將馬鈴薯煮得有點碎爛。

材料（2人份）

馬鈴薯 ---- 2個
洋蔥(小) ---- 1個
蔥 ---- 1/2支
鹽、胡椒 ---- 各少許
A ｜ 水 ---- 400㎖
　｜ 鮮雞湯粉 ---- 2小匙
奶油 ---- 2大匙

作法

1 馬鈴薯切成 2 cm厚的圓片，放在水中浸泡約 5 分
　鐘，瀝除水分。洋蔥縱切一半再切薄片，蔥斜切成
　薄片。

2 在鍋裡放入 1 大匙奶油煮融，加入洋蔥和蔥，用稍
　小的中火慢慢拌炒到變軟。加入剩餘的奶油和馬鈴
　薯，拌炒約 5 分鐘直到馬鈴薯熟透，撒入鹽和胡
　椒，加入 A。煮沸後蓋上鍋蓋，用小火煮10～15
　分鐘。

3 盛盤，若有奧勒岡的話，可以搭配享用。

使用20cm的圓鍋

還擅長這類料理 之❶

和風小菜

總是讓人躊躇怯步的和風小菜,用鑄鐵鍋也能夠輕鬆製作。「昆布卷」、「蜜汁核桃小魚乾」、「蜜黑豆」等傳統日式菜,只要有鑄鐵鍋,即使是新手也能成功做出來。

鮭魚昆布卷

蜜汁核桃小魚乾

蜜黑豆

鮭魚昆布卷

加熱時間
35分
+
燜置時間
30分

若用鑄鐵鍋烹調，能利用少許的
湯汁迅速讓昆布煮軟。
內餡包鰤魚或鱈魚子也很美味。

材料（容易製作的份量）

生鮭魚肚 ---- 150～200g

快煮昆布(15×10cm) ---- 4 片

干瓢(20cm長) ---- 8 條

鹽 ---- 適量

A｜浸泡過昆布的水 ---- 600㎖
　｜酒 ---- 50㎖
　｜味醂、醬油 ---- 各3～4大匙

作法

1 昆布放在淺盤上，倒入水600㎖，浸泡回軟
（浸泡的水要保留備用）。干瓢洗淨，用鹽搓
揉，沖水洗去鹽分，擰乾後再泡水5～10分
鐘回軟。

2 鮭魚去皮、骨，切成邊1cm、長8～10cm
的棒狀。

3 將鮭魚均分成4等份，放在昆布上，包捲起
來，用干瓢在前後兩處繞圈綁緊。

4 排入鍋中，倒入A，煮滾後蓋上鍋蓋，用小
火煮35～40分鐘。熄火，直接燜放30分
鐘，待涼取出，切半後盛盤。

＊ 冷藏可保存約4～5天。

＊ 不喜歡鮭魚的氣味，可淋上2大匙酒，靜置約10分鐘。

＊ 干瓢可使用福神漬(什錦八寶醬菜)或甜醋紅薑的湯汁染
成粉紅色。我家是粉紅色捲包鮭魚，白色捲包鰤魚，呈
現紅白兩色。

使用22cm的圓鍋

包捲昆布的訣竅在於，
要從近身側開始往前緊
實地包捲起來。干瓢較
長時，打結後，可剪掉
多餘的部分。

蜜汁核桃小魚乾

加入仙人般的食物「松子」，
讓核桃的氣味更芳香。
若用鑄鐵鍋烹調不易煮焦，不會失敗。

加熱時間
7分

材料 (容易製作的份量)

沙丁魚乾 ···· 50g
核桃 ···· 40g
松子 ···· 40g
醬油、熟白芝麻 ···· 各1大匙
楓糖漿 ···· 1～1.5大匙

作法

1 沙丁魚乾放入鍋裡加熱，慢慢地乾煎。煎到酥脆後，
　依序加入核桃、松子，一面加入，一面混拌。

2 從鍋邊加入醬油混拌，加入楓糖漿、熟白芝麻後整體
　攪拌。熄火，散放在淺盤中待冷卻。

＊冷藏可保存約2星期。

使用23cm的橢圓鍋

蜜黑豆

完成後的黑豆
呈現足以自豪的飽滿與光澤感。
用細砂糖熬煮讓甜味較爽口。

加熱時間
1小時

材料 (容易製作的份量)

黑豆(乾燥) ···· 200g
A｜ 水 ···· 1～1.3ℓ
　　細砂糖 ···· 180g
　　醬油 ···· 1～2大匙
　　鹽 ···· 少許

作法

1 黑豆大致洗淨，瀝乾水分。

2 鍋裡放入 A 煮滾，熄火，待稍散熱後放入 1，蓋上
　鍋蓋靜置一晚(約8小時)。

3 開火加熱，煮滾後撈除浮沫，轉小火，放上木製內
　蓋，再蓋上鍋蓋煮1～2小時。中途可取出黑豆確
　認硬度，若能用手指稍微壓碎，就可熄火待涼。

＊冷藏可保存約5天，冷凍可保存1個月。

使用22cm的圓鍋

帶有楓糖漿的甜味。因
為甜而不膩，而且不易
黏牙，所以讓人吃了還
想再吃。

先煮沸湯汁，融化細砂
糖。放入黑豆浸泡一晚
再煮，黑豆的外皮較不
易破裂。

Part 2

20分鐘內
加熱完成
迅速又美味！
每日的家常菜

平時的家常菜，比起花時間慢慢燉煮，
不費力地快速烹調，更讓人輕鬆愉快！
若用鑄鐵鍋加熱，在20分鐘內，
就能做出充分凝縮食材美味的家常菜。
在平常時也能派上用場，
這是鑄鐵鍋的優點。

井澤家的檸檬鹽馬鈴薯燉肉

我家的馬鈴薯燉肉添加了檸檬鹽製作，清爽風味極受歡迎。
即使用簡便的檸檬鹽也能烹調得很美味。

加熱時間
20分

材料（2人份）

碎豬肉 ···· 150g

馬鈴薯 ···· 2～3個

紅蘿蔔 ···· 1/5條

蔥 ···· 1/3支

洋蔥 ···· 1/2個

檸檬(切成1cm厚的圓片) ···· 2片

鹽 ···· 1/3～1/2小匙

A｜高湯 ···· 200㎖

　｜酒、味醂 ···· 各2大匙

　｜醬油 ···· 1小匙

香油 ···· 1小匙

作法

1 馬鈴薯切成3～4等份，放入水中浸泡約5分鐘後瀝乾。紅蘿蔔用刷子刷洗乾淨，連皮切成厚5mm圓片（若太大可再對切成半月形）。蔥斜切成1cm段，洋蔥切成厚1cm片。

2 在塑膠袋中放入檸檬和鹽，揉搓融合。

3 香油放入鍋裡燒熱，放入豬肉炒到變色。加入蔥、洋蔥、紅蘿蔔和馬鈴薯拌炒到整體都沾裹油分，加入**A**和**2**。放上木製落蓋，再蓋上鍋蓋，煮沸後轉小火煮15分鐘。

> 使用20cm的圓鍋

將檸檬和鹽放入塑膠袋中充分融合，迅速完成檸檬鹽。除了調味功用外，開心的是還具有燃燒脂肪的功效！可選用未上蠟、無防腐劑的檸檬。

燉煮金針菇漢堡排

加入大量切碎的金針菇，有益健康。
用同一個鍋子就能同時烹調漢堡肉和蔬菜，超棒的！

加熱時間
15分

材料（2人份）

豬、牛混合絞肉 ---- 200g

金針菇 ---- 100g

茄子 ---- 1條

蓮藕 ---- 3cm

綠花椰菜 ---- 1/2個

鹽 ---- 少許

A｜胡椒 ---- 少許
　｜香油 ---- 2小匙
　｜肉荳蔻(有的話) ---- 少許

B｜水 ---- 70㎖
　｜伍斯特醬、番茄醬 ---- 各3大匙

橄欖油 ---- 1大匙

作法

1　金針菇切除根部，切成1.5cm長。茄子隨意切成一口大小，放在水中浸泡約5分鐘。蓮藕徹底洗淨，連皮切成1cm厚的半月形，泡水。綠花椰菜分切成小株。

2　在調理盆中放入絞肉和鹽充分混拌。加入金針菇和A，再充分混拌到產生黏性。分成2等份，放在手掌間輕拍去除空氣，整成小橢圓形。

3　橄欖油放入鍋裡燒熱，放入2煎烤。呈烤色後翻面，在另一處放入瀝除水分的茄子和蓮藕煎烤。漢堡排的雙面都呈烤色後，加入B，煮沸後蓋上鍋蓋，用小火煮5～6分鐘。

4　加入綠花椰菜，蓋上鍋蓋煮2～3分鐘。盛盤，若有鮮奶油的話，也可在淋在漢堡排上。

使用22cm的圓鍋

先將絞肉和鹽充分攪拌混勻，完成後才會水潤多汁。之後，再混入其它的調味料和金針菇。

綠花椰菜比肉快熟，要在最後再放入鍋邊，才能保有口感和鮮綠的色澤。

香料奶油雞肉咖哩

重點是用香料奶油拌炒，以提升濃郁度與風味。
使用印度綜合香料(**Garam masala**)或紅辣椒等喜愛的香料也能有不同的風味。

加熱時間
20分

材料（2 人份）

去骨雞腿肉 ---- 1 片
洋蔥(小) ---- 1/2個
白飯 ---- 2 杯(400g)
A │ 薑泥、蒜泥 ---- 各1/2大匙
　　│ 小茴香籽 ---- 1 小匙
　　│ 小荳蔻(塊) ---- 3 個
　　│ 辣椒粉 ---- 1 小匙
　　│ 咖哩粉 ---- 1～2小匙
麵粉 ---- 1.5～2大匙
B │ 水 ---- 400㎖
　　│ 鮮雞湯粉 ---- 2 小匙
　　│ 巧克力 ---- 2塊(20g)
鹽、粗磨黑胡椒 ---- 各少許
奶油 ---- 1.5大匙

作法

1　雞肉切成一口大小，洋蔥切薄片。

2　在鍋裡煮融奶油，加入 **A** 散出香味後，用稍小的中火拌炒。加入洋蔥炒到變軟為止，撒入麵粉，混拌到整體融合。加入雞肉拌炒到變色。

3　加入 **B** 用中火加熱，煮沸後蓋上鍋蓋，用小火煮15分鐘。加入鹽和黑胡椒調味。

4　將剛煮好的白飯盛盤，淋上 **3**，依個人喜好撒上乾炒過的小茴香籽(份量外)。

＊ 若購買不到小荳蔻(塊)的話，可以選用小荳蔻(粉)，依個人喜好斟酌加入。

> 使用**20cm的圓鍋**

花環彩蔬沙拉

透過蒸烤讓所有食材熟透，同時保有適度的口感。
因為風味單純，所以更能感受到濃厚的蔬菜美味。

加熱時間
5分

材料（2～3人份）

茄子 ---- 1 條

櫛瓜 ---- 1 條

白花椰菜 ---- 1/2 個

番茄 ---- 1 個

百里香 ---- 3 支

鹽 ---- 1/4～1/3小匙

粗磨黑胡椒 ---- 2 小撮

橄欖油 ---- 2～3大匙

作法

1　茄子和櫛瓜切成 1 cm 厚的圓片。白花椰菜分切成小株，其中1/3量縱切成 1 cm 厚。番茄切成 1 cm 厚的半月片。

2　在鍋中交錯排入茄子、櫛瓜、切成 1 cm 厚的白花椰菜及番茄，在中央放入剩餘的白花菜，再放上百里香。畫圈淋上橄欖油，撒上鹽和黑胡椒，蓋上鍋蓋，用稍大的中火燜烤5～7分鐘。

使用24cm的平底鍋

＊也可使用22cm的圓鍋，作法相同。

蕪菁燉鰤魚

將「白蘿蔔燉鰤魚」改用蕪菁燉煮，更能迅速完成。
為了讓蕪菁更入味，烹調訣竅是用手剝開。

加熱時間
10分
＋
燜置時間
10分

材料（2人份）

鰤魚 ---- 2片
蕪菁 ---- 3個
鹽、酒 ---- 各少許
A｜高湯 ---- 100㎖
　｜酒、味醂 ---- 各2大匙
　｜醬油 ---- 1.5～2大匙

作法

1　將鰤魚每片分切3等份，撒上鹽靜置，吸乾滲出的
　　水，灑上酒。蕪菁保留3cm的莖，切除葉子，用刀
　　切口後，用手剝成兩半。

2　在鍋裡依序放入蕪菁、鰤魚和A，放上木製落蓋，
　　開火加熱。煮沸後轉小火，蓋上鍋蓋煮10分鐘，熄
　　火，燜置約10分鐘，入味。

3　盛盤，若有柚皮絲的話，可以搭配享用。

＊ 建議可以在A中加入韓國製的辣椒粉1小匙～1大匙，增添辣味。

使用20cm的圓鍋

疊煮白菜燉火腿

加熱時間
8分

將夾入火腿的白菜直接放入鑄鐵鍋中。
以少許的水和白菜釋出的水分蒸煮,再淋上芡汁即可烹用。

材料(2人份)

白菜 ---- 1/4棵

火腿 ---- 150g(約10片)

鹽、胡椒 ---- 各少許

 | 高湯 ---- 200ml
味醂、醬油 ---- 各2大匙
醋 ---- 1小匙
太白粉 ---- 2小匙

香油 ---- 1大匙

山椒粉 ---- 適量

作法

1 在白菜葉片中夾入火腿。

2 在鍋裡放入 **1**,撒上鹽和胡椒。加入香油和水60 ml,蓋上鍋蓋,燜煮8～10分鐘直到白菜變軟為止。

3 在耐熱容器中放入 **A** 充分混合。蓋上保鮮膜,用微波爐(600W)加熱3～5分鐘,立刻充分混合。

4 將**2**盛盤,淋上**3**,撒上山椒粉。

＊ 也可使用22cm的圓鍋。用圓鍋時,白菜中夾入火腿後,再切塊放入。

使用23cm的橢圓鍋

加熱後白菜會釋出水分變軟,所以切得較大塊,只要能勉強塞進鍋裡,蓋上鍋蓋的話就沒關係。

香煎雞排

皮面煎到酥脆再蒸烤,使肉質鮮嫩多汁!搭配的蔬菜也能一起烹調,
讓鮮甜味滲入肉中變得格外美味,還能迅速完成料理,可說是一舉兩得。

加熱時間
8分

材料 (2～3人份)

去骨雞腿肉 ---- 2 片(500g)

紅蘿蔔 ---- 1/3 條

四季豆 ---- 10 片

鹽、粗磨黑胡椒 ---- 各適量

橄欖油 ---- 1 大匙

作法

1　雞肉切半,撒上鹽2/3小匙、少許的黑胡椒,靜置
　10分鐘～一晚(約8小時)備用。

2　將雞肉擦乾水分。紅蘿蔔切成1cm厚的圓片,四季
　豆去掉蒂頭。

3　橄欖油放入鍋裡燒熱,雞肉皮面朝下煎5～6分鐘呈
　焦色後,翻面。加入紅蘿蔔和四季豆,在蔬菜上撒
　入各少許的鹽和黑胡椒,蓋上鍋蓋,再用小火烤
　3～4分鐘。

> 使用22cm的圓鍋

雞肉皮面煎好後再加入蔬菜。
蓋上鍋蓋能鎖住蒸氣燜熟配
菜,所以不加水也OK。

甜椒鑲番茄飯

利用鑄鐵鍋的厚重鍋蓋能徹底密封，
可在短時間內煮熟甜椒和餡料。

加熱時間
10分

材料（4 人份）

甜椒(紅) ---- 4 個
豬、牛混合絞肉 ---- 70g
洋蔥 ---- 1/2個
四季豆 ---- 3 片
玉米粒 ---- 3 大匙
A │ 白飯 ---- 200g
  │ 番茄醬 ---- 2 大匙
  │ 奶油 ---- 1 大匙
  │ 鹽 ---- 1/2小匙
  │ 胡椒 ---- 少許
披薩專用起司絲 ---- 40g

作法

1 在距甜椒上緣 1 cm處橫切開，去
  籽。洋蔥大致切碎，四季豆切小
  段。

2 將**A**切拌均勻。

3 在調理盆中放入絞肉、洋蔥、四季
  豆、玉米粒和**2**充分拌勻。

4 將甜椒切口朝上排入鍋裡，並填入
  3的內餡。鍋裡縫隙處放入甜椒上
  部，起司絲鋪在甜椒切口上。從鍋
  邊倒入水100㎖，蓋上鍋蓋，用稍
  大的中火燜煮 5 分鐘。轉為中火，
  再蒸煮 5 分鐘。

5 盛盤，依個人喜好可以搭配番茄醬
  享用。

`使用20cm的圓鍋`

保留甜椒的上部
可做為填塞縫隙
用，以穩定甜椒
避免移位。加入
水時，注意不要
淋到番茄飯。

醋煮小雞腿和水煮蛋

煮物冷卻後會更加入味。建議完成料理後熄火，
讓煮物冷卻，食用時再加熱慢慢享用。

加熱時間
20分
＋
靜置時間
15分

材料（4 人份）
翅小腿 ---- 8 隻
水煮蛋(半熟) ---- 6 顆
A ｜ 高湯 ---- 300㎖
　　 酒、醋 ---- 各50㎖
　　 醬油、味醂 ---- 各100㎖

作法

1 將 **A** 放入鍋裡加熱，煮沸後持續約 3 分鐘。放入
　 翅小腿，蓋上鍋蓋，用小火煮15～17分鐘。

2 熄火，放入去殼的水煮蛋，直接靜置約15分鐘，
　 讓味道更入味。

＊ 煮汁放入冰箱冷藏，肉的膠質凝固後，即成為Q軟的肉凍。與白
飯或燙青菜一起搭配享用，非常美味。

使用22cm的圓鍋

烹調訣竅是在煮汁煮沸
後，繼續熬煮 3 分鐘，讓
醋的酸味變柔和。之後再
加入翅小腿。

用鑄鐵鍋簡單烹調！
水煮蛋

若用鑄鐵鍋烹調，用少許水就能完成水煮蛋，
不必花時間將水煮沸，既迅速又節能！只要利
用餘溫，放入雞蛋一會後，就能完成溫泉蛋。

【準備】
將蛋放在室溫中回溫。廚房紙巾弄濕(會
滴水的程度)揉成團鋪入鍋中，一顆蛋用
一張，再將蛋放在上面。

半熟蛋
蓋上鍋蓋，用稍小的中火加熱 7 ～ 8 分
鐘，去除水分後待冷卻。

水煮蛋
蓋上鍋蓋，用稍小的中火加熱10分鐘，去
除水分後待冷卻。
★注意加熱的時間避免超時過久
(若變成直接乾烤的狀態，會很危險)。

溫泉蛋
將七分滿的水倒入鍋裡，開火加熱，煮沸
後熄火。加入醋 1 大匙、鹽 1 小匙、水
200㎖和蛋 4 顆，蓋上鍋蓋，開火煮 7 分
鐘。取出後放涼。

爽脆山藥煎餃

餡料中加入切碎的山藥，口感更棒，後味更清爽。
不沾醬直接享用就很美味，或依個人喜好搭配沾醬享用。

加熱時間
10分

材料 (2人份)

豬絞肉 ---- 100g
山藥 ---- 5 cm(100g)
高麗菜 ---- 100g
餃子皮(大) ---- 10片
鹽 ---- 少許
A │ 蠔油 ---- 1 小匙
　│ 醬油 ---- 1 小匙
　│ 白砂糖 ---- 1/4小匙
　│ 鮮雞湯粉 ---- 1/3小匙
　│ 鹽 ---- 2 小撮
香油 ---- 2 小匙

作法

1　山藥連皮用刷子刷洗，擦乾水分。放入塑膠袋中，用桿麵棍等用具敲碎。高麗菜切成細絲，撒入鹽揉搓，靜置約 5 分鐘後充分擠乾水分。

2　在調理盆中放入絞肉和 A 充分混拌，再加入 1 混合攪拌。

3　用餃子皮包入 2 的餡料。

4　香油放入鍋裡燒熱，將 3 排入，用稍大的中火將底部煎到有焦色。從鍋邊倒入熱水(或水)30㎖，蓋上鍋蓋後蒸烤。若水變少，發出嗤嗤聲，打開鍋蓋，讓水徹底蒸發。盛盤，依個人喜好選擇醋、醬油和辣油調拌成沾醬搭配。

> 使用22cm的圓鍋

美乃滋鮮蝦

加入鬆軟南瓜的美乃滋鮮蝦，是特別受到女生喜歡的料理。
不僅美味，也能自由增加份量，相當推薦。

加熱時間
3分

材料（2 人份）

蝦子 ---- 10 尾
南瓜 ---- 1/5 個
酒(或白酒) ---- 2 大匙
A｜鹽、胡椒 ---- 各少許
｜香油 ---- 1 大匙
B｜美乃滋 ---- 4 大匙
｜二砂糖(或白砂糖) ---- 1 小匙
｜檸檬汁、醬油 ---- 各少許
香油 ---- 1/2 大匙

作法

1 蝦子去殼，在背側劃切口去除腸泥，灑上酒靜置約 5 分鐘備用。

2 南瓜去除籽和瓜囊，用保鮮膜包好，放入微波爐(600W)加熱 3～4 分鐘煮熟，切成一口大小。

3 擦除蝦子的水分，依序加入 A 混勻。將 B 混合。

4 香油放入鍋裡燒熱，放入蝦子煎到變色。用廚房紙巾擦除多餘的油，加入 2 和 B，熄火，大致混合。

使用20cm的圓鍋

南蠻漬青花魚

加熱時間
5分

不需油炸，令人佩服的是只要一只鍋子就能完成。
透過加蓋蒸煮，讓青花魚的肉質呈濕嫩、不乾柴。

材料 (2～3人份)

青花魚(分切三片) ---- 1/2尾份

洋蔥 ---- 1/3個

薑絲 ---- 1塊份

鹽 ---- 少許

酒 ---- 2大匙

A │ 紅辣椒切圈狀 ---- 2條份

　│ 醋 ---- 50ml

　│ 白砂糖、麵味露(3倍濃縮) ---- 各2大匙

作法

1 青花魚一面用刀在魚皮面劃切口，切成2cm寬，撒上鹽，靜置約10分鐘備用。擦乾水分，灑上酒。洋蔥切薄片。

2 將A充分混合。

3 在鍋裡鋪入洋蔥，放上青花魚，繞圈淋上2，散放上薑絲。蓋上鍋蓋開火加熱，煮沸後轉小火燜煮4～5分鐘。依個人喜好，也可撒上薑絲搭配。

使用20cm的圓鍋

將洋蔥鋪入鍋底再放入青花魚，魚肉才不會沾黏鍋底。先將調味醬汁混合均勻，讓白砂糖融化後再加入。

佃煮里芋

用鑄鐵鍋烹調，能發揮均勻導熱特性，將里芋煮到熟透，
煮出來的里芋帶有軟綿濃稠的美味口感。

加熱時間
20分

材料 (2～3人份)

里芋 ---- 8個(500g)
烤海苔片(完整片狀) ---- 1片
A | 高湯 ---- 200mℓ
　 | 酒 ---- 2大匙
　 | 醬油、味醂 ---- 各2大匙

作法

1 里芋去皮，切成 2 cm厚的圓片，放在水中浸泡
　約5分鐘。瀝除水分，放入鍋中，倒入能蓋過於里
　芋的水量，用稍大的中火加熱。煮沸後鍋蓋稍微開
　點縫隙，轉小火能讓里芋煮軟(小心湯汁溢出)，最
　後將湯汁倒除。

2 將**1**和**A**放入鍋裡加熱，放上木製落蓋，燉煮約10
　分鐘。煮汁燉煮到快剩餘鍋底的份量後，撕碎海苔
　加入混拌，熄火。趁熱時，用木匙將里芋大致壓
　碎，再攪拌混合。

使用22cm的圓鍋

義式水煮蛤蜊鮭魚

只添加鹽和胡椒調味就可以了。將海鮮、蔬菜和橄欖
釋出的美味完全鎖住，味道更加濃郁。

加熱時間
10分

材料（2～3人份）

生鮭魚 ---- 300g

蛤蜊(已吐砂) ---- 250g

西洋芹 ---- 1/2支

小番茄(紅、黃) ---- 共10個

大蒜 ---- 1 瓣

綠橄欖 ---- 9 個

鹽、粗磨黑胡椒 ---- 各少許

白酒 ---- 100ml

橄欖油 ---- 1 大匙

作法

1　鮭魚切成一口大小，撒上鹽和黑胡椒。蛤蜊相互搓洗外殼，瀝除水分。西洋芹去除表皮粗纖維，斜切成 1 cm寬，葉子大致切碎。大蒜切薄片。

2　在鍋裡放入橄欖油和大蒜加熱，放入鮭魚整體煎烤到適度焦色。

3　加入西洋芹、西洋芹菜葉(保留少許做為裝飾用)、小番茄、橄欖、蛤蜊、白酒和水50ml，蓋上鍋蓋開火加熱，煮沸後轉小火蒸煮約10分鐘。食用時，撒入保留備用的西洋芹菜葉。

＊ 鮭魚也可以換用鱈魚、鱸魚和鰆魚等時令魚來製作。

使用23cm的橢圓鍋

＊ 也可使用22cm的圓鍋，作法相同。

將鮭魚適度煎烤增添香味。之後加入蔬菜和白酒等蒸煮即完成。

葡萄牙風味香煎馬鈴薯鱈魚

加入檸檬或香料能去除鱈魚的腥味。
香煎呈完美的焦黃色，相當好吃。

加熱時間
15分

材料（2人份）

生鱈魚(或鹽漬鱈魚) ---- 2片
馬鈴薯 ---- 4個
A｜檸檬(薄圓片) ---- 1片
　｜鹽 ---- 少許
鹽、麵粉 ---- 各適量
粗磨黑胡椒 ---- 少許
橄欖油 ---- 2大匙

作法

1 在塑膠袋中放入 A，搓揉融合。

2 鱈魚切成一口大小，撒上少許鹽，沾上麵粉(使用鹽漬鱈魚時，不必再撒鹽)。馬鈴薯切成稍大的一口大小，浸泡於水3分鐘，用篩網撈起濾水。

3 在鍋裡放入馬鈴薯、水200㎖和少許鹽，蓋上鍋蓋，煮沸後蒸煮 5 ～ 7 分鐘。水分煮乾後拿起鍋蓋，一面搖動鍋子，一面讓馬鈴薯表面變得綿粉，移至鍋邊。在空處倒入橄欖油，排入鱈魚後放上 1，將兩面適度煎烤。

4 大致混合整體，加入少許鹽和黑胡椒調味。盛盤，若有百里香的話，可以搭配享用。

使用22cm的圓鍋

茶碗蒸

配料只有梅干和魚板，準備起來很簡單。使用鑄鐵鍋蒸煮，
短時間內能完成，因溫和受熱，所以口感細滑軟嫩。

加熱時間
10分

材料（2人份）

蛋 ---- 1顆

梅干(大) ---- 2個

魚板 ---- 3cm

A｜高湯 ---- 200㎖

　｜醬油、味醂 ---- 各1/3小匙

　｜粗鹽 ---- 2小撮

作法

1 魚板切極薄片。

2 在調理盆中打散蛋，加入A混合。

3 在耐熱食器中等份放入梅干和魚板，倒入2(希望口
感更細滑，可以一面過濾，一面倒入)再蓋上蓋子。
若食器沒附蓋，可蓋上保鮮膜，用橡皮圈固定。

4 在鍋裡倒入2～3cm深的水，放入3開火加熱。煮
沸後蓋上鍋蓋，用小火蒸煮8～10分鐘。食用時請
一面壓碎梅干，一面享用。

使用22cm的圓鍋

鑄鐵鍋也能用烤箱烹調！將材
料放入鍋中，就可以連鍋直接
放入烤箱，非常簡便輕鬆。

還擅長這類料理 | 之❷

豆類家常菜

用鑄鐵鍋烹煮豆類，能充分入味且不碎爛，完成後粒粒飽滿美味。短時間內用少許煮汁就能完成加熱，可做為節能環保料理。

加熱時間
55分

白豆什錦燉肉

使用香腸和白扁豆的白豆什錦燉肉是法國的鄉村料理。
再加入肝或雞胗等內臟及豬肉、羊肉等食材，完成了正統的美味。

材料（2～3人份）

白扁豆(乾燥) ---- 80g
維也納香腸(大) ---- 5條(270g)
培根 ---- 3片
洋蔥 ---- 1個
大蒜 ---- 1瓣
番茄罐頭(切塊) ---- 1罐(400g)
月桂葉 ---- 1片
雞湯塊 ---- 1個
鹽 ---- 適量
胡椒 ---- 少許
橄欖油 ---- 1大匙

將乾燥豆子泡水一晚回軟。吸水後約漲成2倍大，所以基本上需準備豆子的3倍量的水才足夠。

作法

1 白扁豆大致清洗，用足量的水浸泡一晚(約8小時)回軟。倒入篩網中瀝水後，再倒入鍋裡加入足量的水，開火加熱，煮沸後倒入篩網中。將豆子倒回鍋裡，加入足量的水和鹽1小撮，開火加熱，若有浮沫須撈除。煮沸後轉小火，蓋上鍋蓋煮30～40分鐘。

2 洋蔥和大蒜大致切碎。培根切成1cm寬。

3 橄欖油放入鍋裡燒熱，放入香腸一面滾動，一面將整體煎到適度焦色，再取出。

4 在 3 的鍋裡放入 2，開火加熱炒到變軟為止。加水200㎖、番茄、月桂葉、雞湯塊、瀝除水分的 1，蓋上鍋蓋，一面煮15～20分鐘，一面不時混拌。

5 放入香腸約煮3分鐘，加入鹽和胡椒調味。盛盤，若有起司粉的話，可搭配享用。

> 使用22cm的圓鍋

水煮乾燥豆時

重點在於須保持以小火來煮。若以大火來煮或攪拌，會使豆子破裂脫皮，因此請留意。煮好後不立即使用時，瀝除煮汁後，將豆子分成數小份冷凍保存，隨時能使用，相當方便。使用新豆時，還會比右側列出的標示時間來得更快煮好。

大豆

1 大豆(乾燥)200g，大致清洗後放入鍋中，加入足量的水浸泡一晚(約8小時)回軟。

2 鍋子開火加熱，撈除浮沫。煮沸後轉小火，蓋上鍋蓋煮約1小時直到變軟(煮汁要保持能蓋過豆子的份量，一面水煮一面加水)。

紅腰豆

和大豆一樣先泡水一晚回軟。倒入篩網中瀝除水分，再倒入鍋中，加入足量的水開火加熱，煮沸後倒入篩網中(瀝除煮汁)。將豆子再倒回鍋裡，加入足量的水和鹽1小撮，開火加熱，浮沫須撈除。煮沸後轉小火，蓋上鍋蓋煮約30分鐘。

鷹嘴豆

泡水、水煮、加熱時間和紅腰豆相同。

五目豆

將大豆和凍豆腐一起燉煮，是我家特有的料理方法。
不僅能提高營養價值，食材也更入味，使得美味度大增。

材料 (2～3人份)

大豆(煮軟・p.70) ---- 100g
紅蘿蔔 ---- 1/2條
牛蒡 ---- 1/2支
蒟蒻(已汆燙去除異味) ---- 1/2片
乾香菇 ---- 2個
凍豆腐 ---- 30g

A ｜ 酒、醬油、味醂 ---- 各2～3大匙
　　｜ 白砂糖 ---- 1小匙

作法

1 乾香菇浸泡於水200mℓ回軟後，瀝除水分(浸泡過的水要保留備用)。凍豆腐放在室溫中回軟。

2 將紅蘿蔔、牛蒡、蒟蒻、香菇和凍豆腐都切成1.5cm的小丁。

3 將1浸泡過的水和2倒入鍋裡。加入能蓋過材料的水並開火加熱，煮沸後蓋上鍋蓋，轉小火煮5分鐘。

4 加入A再煮沸，放入凍豆腐和大豆，放上木製落蓋，再蓋上鍋蓋，用小火燉煮約15～20分鐘。

＊ 凍豆腐也可泡水回軟，再切成1.5cm小丁。

使用20cm的圓鍋

墨西哥辣肉醬

墨西哥薄餅稍微加熱後，將蔬菜和起司包入一起享用最美味！
也可以做成焗烤料理或搭配麵包享用。換用大豆、黑豆或鷹嘴豆也相當好吃。

材料（2人份）

紅腰豆(水煮過・p.70) ---- 100g
豬、牛混合絞肉 ---- 200g
洋蔥(小) ---- 1個
大蒜 ---- 1瓣
紅蘿蔔 ---- 1/3條
番茄罐頭(切塊) ---- 1罐(400g)
月桂葉 ---- 1片
鹽 ---- 1/2小匙
胡椒 ---- 少許
辣椒粉 ---- 2小匙
鮮雞湯粉 ---- 1大匙
橄欖油 ---- 2大匙

作法

1 洋蔥和大蒜切末，紅蘿蔔切粗末。

2 橄欖油放入鍋裡燒熱，放入 **1** 炒到變軟為止，再加入絞肉、鹽、胡椒和辣椒粉，炒到肉變得鬆散為止。

3 加入番茄、水200㎖、鮮雞湯粉、紅腰豆和月桂葉，煮沸後蓋上鍋蓋，用小火煮20分鐘。依個人喜好可搭配麵包享用。

＊ 也可加入適量的辣椒醬汁取代辣椒粉。

使用20cm的圓鍋

用鑄鐵鍋開 *Party!*

教你在宴客時漂亮地使用鑄鐵鍋

menu

- 香烤牛肉…參照右文
- 白豆什錦燉肉 … p.70
- 溫漬菜 … p.88
- 無花果嫩肝醬沙拉(＊)

＊「嫩肝醬」(p.81)將尚未碾碎的雞肝，
和用手剝開的無花果一起美味盛盤。

事先製作 OK！ 無花果嫩肝醬沙拉

事先製作 OK！ 白豆什錦燉肉

在餐桌上排滿美味豐盛餐點全都
是用鑄鐵鍋烹調而成。一次全部
製作會很辛苦，但若與事先做
好的料理組合搭配的話，就
沒問題。主菜連同鍋子一
起上桌，使得款待心意
更加隆重，營造出熱鬧
的氛圍。

事先製作 OK！ 溫漬菜

香烤牛肉

香烤牛肉

牛肉表面烤過後用鋁箔紙包裹，
只要再燜蒸，其實作法超簡單。
再將南瓜和蘋果香煎，
搭配享用也很對味。

加熱時間
15分
+
燜置時間
20分

材料（4～5人份）
牛腿肉或肉塊 ---- 600g
南瓜 ---- 200g
蘋果 ---- 1/2個
大蒜 ---- 1 瓣
鹽、粗磨黑胡椒 ---- 各適量
牛油 ---- 1塊（約 3 cm正方大小）
A ｜ 檸檬汁 ---- 1 大匙
　　｜ 鹽 ---- 1/4小匙

作法
1 烹調前30分鐘先將冷藏的牛肉取出，回溫。

2 南瓜切成5～7mm厚的月牙形，蘋果切成1cm
　厚的月牙形。大蒜切半。

3 用廚房紙巾擦除肉滲出的水分，用大蒜的切口
　塗抹整體，再塗搓上鹽和黑胡椒。

4 將牛油加入鍋裡燒熱煮融。放入**3**的牛肉，一
　面以稍大的中火煎烤，一面轉動肉塊均勻焦
　色。取出，用鋁箔紙包好。

5 將**4**的鍋子加熱，放入南瓜和蘋果，撒入**A**煎
　烤兩面。熄火，將包著鋁箔紙的牛肉放入鍋
　中，蓋上鍋蓋，直接燜置20分鐘。將烤牛肉
　切成易食用大小，盛盤，擺上南瓜和蘋果。鋁
　箔紙中殘留的肉汁也可淋在烤牛肉上。

使用22cm的圓鍋

適度煎烤牛肉的表面，以鎖住肉汁，再包上鋁箔
紙。南瓜和蘋果煎好後再放入鍋裡，在熄火的狀態
下稍微燜置。

適合搭配葡萄酒
酒吧下酒菜

能迅速完成的配菜，適合做為「下酒菜」。
製作份量較少時，使用小尺寸的鑄鐵鍋最方便。
只要直接連鍋上桌，就能營造出時尚餐桌氛圍。

事先製作 OK！ 農家馬鈴薯歐姆蛋

蒜味鮮蝦

蒜味鮮蝦

趁蝦子還未熟透前先端上桌，食用時利用餘溫加熱，口感更Q彈！
用麵包沾取美味的油脂，剩餘的部分也可以用來做成義大利麵。

加熱時間
5分

材料 (2～3人份)
蝦(連殼) ···· 350g
大蒜 ···· 1 瓣
粗鹽 ···· 1/3小匙
橄欖油 ···· 50～100mℓ
粗磨黑胡椒 ···· 適量

作法

1 蝦子去殼，在背側劃切口去除腸泥。壓碎大蒜。

2 將橄欖油、大蒜和鹽加入鍋裡燒熱，蓋上鍋蓋拌炒到散出香味後，用稍小的中火煮 2 ～ 3 分鐘。加入蝦子煮2分鐘，撒上黑胡椒。

使用17cm的橢圓鍋

農家馬鈴薯歐姆蛋

這是一道簡單樸素的歐姆蛋料理，
訣竅在於需先用鹽水將馬鈴薯煮軟。

加熱時間
30分

材料 (3～4人份)
蛋 ···· 5 顆
馬鈴薯 ···· 2～3個
洋蔥 ···· 1/2個
鮮雞湯粉 ···· 1 小匙
鹽 ···· 適量
粗磨黑胡椒 ···· 少許
A │ 美乃滋 ···· 4 大匙
 │ 番茄醬 ···· 1 ～ 2 小匙
橄欖油 ···· 3 大匙

作法

1 馬鈴薯切成1.5～ 2 cm厚的圓片，放入鍋中，加入能蓋過馬鈴薯的水量和少許鹽開火加熱。煮沸後蓋上鍋蓋，轉小火煮約15分鐘讓它變軟。洋蔥切薄片。混合A完成醬汁。

2 在調理盆中打入蛋，加入鮮雞湯粉混勻攪拌。

3 洗淨鍋子後，加入 2 大匙橄欖油燒熱，洋蔥炒到變軟為止。加入馬鈴薯再炒 2 ～ 3 分鐘，加入少許鹽和黑胡椒調味，再加入至2的調理盆中。

4 將剩餘的橄欖油加入鍋裡，用廚房紙巾將鍋裡整體(含側面)抹上油後，開火加熱。將3倒入鍋中，蓋上鍋蓋，用小火10～15分鐘。

5 將鍋蓋拿起，用竹籤從鍋內邊緣插入後繞一圈。將盤子蓋在鍋上，連鍋子一起倒扣(鍋子很重須小心)，取出歐姆蛋。若有巴西里的話可切末後撒上，再切成易食用大小，可搭配醬汁一起享用。

＊馬鈴薯可用微波爐(或水煮)加熱。連皮直接洗淨，蓋上保鮮膜，用微波爐(600W)加熱 3 ～ 4 分鐘，直接放置燜2分鐘。去皮，切成 2 cm厚使用。

蛋液會接觸到的鍋裡側邊也要塗油，完成後較容易取出。蓋上鍋蓋後慢慢地烤熟整體，所以另一面不翻面煎烤也可以。

使用20cm的圓鍋

＊ 也可使用24cm的平底鍋製作，但成品的厚度會變薄。

番茄＆香料蒸貽貝

藍黴起司＆鮮奶油蒸貽貝

卡門貝爾起司鍋

番茄&香料
蒸貽貝

加熱時間
5分

番茄的酸味和美味，
香草的香味，貽貝都吸收了。
除蒔蘿外，也可用百里香和巴西里。

材料（2～3人份）
貽貝 ---- 400g
番茄(小) ---- 1個
蒔蘿 ---- 3～4枝
A | 檸檬(切5mm厚的圓片) ---- 2片
 | 鹽 ---- 1/3小匙
白酒 ---- 50㎖

作法
1 將 A 放入塑膠袋中，揉搓融合。
2 去除貽貝的足絲(夾在貝殼中黑絲狀物)，用刷子
 清洗。番茄大致切塊。
3 將 2、白酒和 1 放入鍋裡。蓋上鍋蓋，用中火加
 熱，蒸煮約 5 分鐘直到貝殼張開熟透。再放上撕
 碎的蒔蘿。

使用23cm的橢圓鍋

卡門貝爾
起司鍋

加熱時間
5分

若用保溫性佳的鑄鐵鍋烹調，
能長時間持續保持熱度，
吃到最後，起司仍黏稠！

材料（容易製作的份量）
卡門貝爾起司 ---- 1盒
鯷魚 ---- 2～3片
粗磨黑胡椒 ---- 適量
喜歡的麵包或蔬菜棒 ---- 各適量

作法
1 鯷魚切碎。
2 將卡門貝爾起司放入鍋裡，再放上 1。蓋上鍋
 蓋，用小火加熱 5 ～ 6 分鐘，撒上黑胡椒。
3 熄火，趁熱時，用麵包或蔬菜沾取起司享用。

使用14cm的圓鍋

＊ 也可使用16cm的圓鍋。

藍黴起司&鮮奶油蒸貽貝

加熱時間
5分

藍黴起司的濃稠感與鹹味取代美味的調味料。
很適合與冰鎮沁涼的白酒搭配享用。

材料（2～3人份）
貽貝 ---- 400g
藍黴起司 ---- 1大匙
鮮奶油 ---- 2大匙
白酒 ---- 50㎖

作法
1 去除貽貝的足絲(夾在貝殼中黑絲狀物)，用刷子清
 洗。
2 將 1 放入鍋裡，再把撕碎的藍黴起司撒上。加入鮮
 奶油和白酒，蓋上鍋蓋，用中火加熱，蒸煮約 5 分
 鐘直到貝殼張開熟透。

使用20cm的圓鍋

事先製作 OK！
嫩肝醬

香草奶油
蒸煮蘑菇

嫩肝醬

直接食用或製成肝醬都很美味。
我家常做為下酒菜、用於沙拉中或當作茶點等，用途廣泛。

加熱時間
20分
＋
燜置時間
15分

材料（2～3人份）
雞肝 ---- 300g
粗鹽 ---- 1～1.5小匙
酒 ---- 2大匙
蘭姆酒 ---- 1/2大匙

煮好還沒攪碎的雞肝也
很美味。建議與無花果
搭配製成沙拉(p.74)。
煮汁放入容器中，可冷
藏保存3～4天。

製作肝醬時，肝臟要趁熱
攪碎。若沒有攪拌器或食
物調理機的話，也可以用
叉子壓碎。

作法
1 將雞肝和粗鹽放入塑膠袋中，從袋外揉搓融合，放
　入冷藏10分鐘～一晚(約8小時)。

2 放入篩網中大致洗淨，瀝除水分，放入鍋中。倒入
　約能蓋過雞肝的水量，加入酒，放上木製落蓋。蓋
　上鍋蓋，用小火煮20分鐘後，燜置約 15分鐘。

3 將雞肝和煮汁 2 大匙放入調理盆中，加入蘭姆酒，
　趁熱時用攪拌器(或食物調理機中)攪拌至變細滑。

＊ 在鮮奶油80㎖中加入 2 小撮鹽攪拌至七分發泡，稍微變涼後混入
　肝醬中，口感會變得綿密柔軟。

使用20cm的圓鍋

香草奶油蒸煮蘑菇

蘑菇煮到軟硬適中，避免過軟或過硬。
調拌大量羅勒和巴西里兩種香草，香味更豐富。

加熱時間
5分

材料（2～3人份）
蘑菇 ---- 2盒(16個)
羅勒切末 ---- 2大匙
巴西里切末 ---- 1大匙
紅辣椒 ---- 1條
白酒 ---- 3大匙
奶油 ---- 2小匙
鹽 ---- 少許

作法
1 蘑菇去硬蒂頭。
2 在鍋裡依序放入 1 、去籽的紅辣椒、白酒和奶油，
　撒上鹽，蓋上鍋蓋，用小火蒸煮 5 分鐘。加入羅勒
　和巴西里調拌。

使用14cm的圓鍋

＊ 也可使用20cm的圓鍋。

藍黴起司蘑菇披薩

用泡打粉製成的麵皮，使得口感酥脆。
加入份量十足的 **2** 種菇類，是美味的祕訣。

加熱時間
20分

材料 (直徑22cm1片份)

蘑菇 ---- 3 個
舞菇 ---- 1/2包
藍黴起司 ---- 2 大匙
A │ 低筋麵粉 ---- 100g
　│ 泡打粉 ---- 1/2小匙
　│ 粗鹽 ---- 1/4小匙
　│ 橄欖油 ---- 1 大匙
粗磨黑胡椒 ---- 少許
披薩專用起司絲 ---- 40～50g
橄欖油 ---- 2.5大匙

作法

1 製作披薩麵皮。將 **A** 的低筋麵粉、泡打粉和粗鹽放入調理盆中，用打蛋器充分混合，加入橄欖油攪拌一下。加入水 3～3.5大匙，搓揉成細滑的麵糰。

2 蘑菇剔除硬蒂頭，切成 5 mm厚。舞菇弄散成易食用大小。

3 將橄欖油1大匙加入鍋中，用廚房紙巾塗抹整體。放入 **1** 的麵糰，用手在鍋底壓揉成大圓片。在表面塗上橄欖油 1 大匙，撒上黑胡椒，均勻撒上披薩專用起司絲和 **2**，散放上撕碎的藍黴起司，淋上剩餘的橄欖油。

4 蓋上鍋蓋，用極小火加熱20分鐘。

* 將泡打粉替換成乾酵母3g，能製作出麵包般的蓬鬆感的披薩皮。在搓揉麵糰後，要蓋上保鮮膜，放在溫暖處靜置約30分鐘，讓麵糰鬆弛後再煎烤。

使用22cm的圓鍋

> ### 黑橄欖番茄披薩
>
> 參照右記的作法 **1** 製作披薩麵糰，和作法 **3** 同樣將麵皮鋪入鍋中。塗上白醬(市售)，撒上披薩專用起司絲，放上切圓片的番茄和黑橄欖，和作法 **4** 同樣烘烤，最後撒上粗磨黑胡椒。

Part 3

材料和調味料用量少
以蔬菜為主角的
簡單家常菜

鑄鐵鍋僅需蔬菜本身的水分，
或加入極少許的水就能烹調。
不僅能提引出蔬菜本身的美味與甜味，
即使是簡單的烹調法也能品嚐到驚人的美味。
因加熱時間短，營養不易流失也是它的魅力。

綠花椰菜
蒸烤鰻魚

加熱時間
3分

蒸烤後，呈現適度的溫暖微焦感。
以鰻魚的鹹味和檸檬的酸味來凝縮美味。

材料（2～3人份）
綠花椰菜 ---- 1個
檸檬 ---- 1/2個
鰻魚 ---- 4～5片
粗鹽 ---- 少許
花生油(或沙拉油) ---- 2小匙
粗磨黑胡椒 ---- 適量

作法

1 綠花椰菜分切成小株。菜梗厚皮去除，切成易食用
大小。檸檬分切裝飾用的 5 mm厚的圓片備用。鰻
魚切碎。

2 將綠花椰菜放入鍋中，擠入檸檬汁。撒上粗鹽，散
放鰻魚，淋上花生油。蓋上鍋蓋，蒸烤 3 ～ 5 分
鐘，撒上黑胡椒，將檸檬圓片裝飾在料理上。

使用20cm的圓鍋

酥炸帶皮薯條

加熱時間
15分

「切好立刻炸」、「低油溫時入鍋」
這是將薯條炸至香酥、美味的要訣。

材料（2人份）
馬鈴薯 ---- 2個
炸油、粗鹽、粗磨黑胡椒 ---- 各適量

作法

1 馬鈴薯徹底洗淨，連皮直接切成 4～6 等份的月牙
形。

2 將炸油倒入鍋裡約深1.5～ 2 cm，加入 1 用小火加
熱。先用低溫油炸，稍微上色後轉大火，炸到呈金
黃色，取出瀝油。

3 盛盤，撒上粗鹽和黑胡椒，依個人喜好可以淋上穀
物醋(或醋)。

使用20cm的圓鍋

蒸玉米佐熱奶油醬

加熱時間
10分

鑄鐵鍋將蒸氣鎖住，即使水分少也能烹調。
可以加入檸檬或香草等一起蒸煮。

材料（2人份）
玉米(連皮) ---- 2條
奶油 ---- 2大匙
辣椒醬汁 ---- 5～6滴

作法

1 玉米外皮只剝除2～3片，掀開清洗玉米，最後
  將外皮還原。

2 將1放入鍋裡，加入水80～100㎖。蓋上鍋蓋，
  用稍小的中火加熱，蒸煮約5分鐘。上下翻面，
  再蓋上鍋蓋，蒸煮5分鐘。

3 去皮後，盛盤，趁熱時放上奶油，撒上辣椒醬汁。

＊ 使用圓鍋時，配合鍋子大小將玉米切短後再蒸煮。

使用23cm的橢圓鍋

蒸烤番茄

加熱時間
4分

完成後的甘甜來自於充分凝縮的番茄的美味！
若直接熬煮，也可變身成自製的番茄醬。

材料（2～3人份）
番茄 ---- 1個
小番茄 ---- 14個
大蒜 ---- 1/2瓣
羅勒 ---- 3～4片
鹽、粗磨黑胡椒 ---- 各少許
橄欖油 ---- 1大匙

作法

1 番茄切成2～3等份的圓片，小番茄去蒂頭，大蒜
  切薄片。

2 將番茄和小番茄放入鍋中，撒放大蒜，淋上橄欖
  油，撒上鹽和黑胡椒。蓋上鍋蓋，蒸烤4～5分
  鐘，完成時再撒上撕碎的羅勒。

使用20cm的圓鍋

綜合綠蔬菜溫沙拉

放入大量的綠色蔬菜搭配混合，請盡情享用。
也很推薦使用四季豆或甜豆莢等。

加熱時間
3分

材料（2～3人份）

綠蘆筍 ---- 4～5根
青椒 ---- 3個
豌豆莢 ---- 30片
番茄乾 ---- 2大匙
鹽 ---- 1小撮
橄欖油 ----2大匙

作法

1 綠蘆筍去除硬根部分。青椒縱
　切一半，去蒂頭和種子。豌豆
　莢撕除兩側粗纖維。

2 番茄乾大致切碎，調拌橄欖
　油。

3 將 1 加入鍋裡，撒入鹽，淋
　上 2。蓋上鍋蓋，用稍大的中
　火加熱，蒸烤 3 ～ 4 分鐘直到
　蔬菜顏色變鮮麗為止。

使用23cm的橢圓鍋

中華風糖醋茄子

加熱時間
5分
+
靜置時間
5分

若和糖醋醬汁一起蒸煮，
10分鐘就能完成糖醋料理。
作法這麼簡單，滋味卻無與倫比！

材料(2人份)
茄子 ---- 3 條
紅辣椒切圈狀 ---- 1〜2 條份
A ｜ 醬油 ---- 1.5大匙
｜ 醋、白砂糖 ---- 各1大匙
｜ 香油 ---- 2小匙

作法
1 茄子隨意切成一口大小，浸泡於水 5 分鐘，瀝除
水分。將 A 混合。

2 將茄子放入鍋裡，淋上 A，撒上紅辣椒。蓋上鍋
蓋，蒸煮約 5 分鐘，直到讓茄子變軟為止，熄
火，直接靜置 5 分鐘。

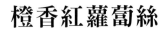 使用20cm的圓鍋

橙香紅蘿蔔絲

加熱時間
3分

若用鑄鐵鍋烹調，完成後紅蘿蔔色澤鮮麗，
增加甜味。加入柳橙，
更能突顯紅蘿蔔的甜味。

材料(2〜3人份)
紅蘿蔔 ---- 1 條
柳橙 ---- 1 個
鹽 ---- 1/4 小匙
胡椒 ---- 少許
橄欖油 ---- 1〜1.5 大匙

作法
1 紅蘿蔔切成易食用長度的蘿蔔絲。柳橙榨出果汁。

2 將 1 放入鍋裡，撒上鹽和胡椒，淋上橄欖油。蓋上
鍋蓋，蒸煮 3 〜 5 分鐘。盛盤，依個人喜好可以搭
配柳橙享用。

 使用20cm的圓鍋

溫漬菜

覺得製作醃漬蔬菜很麻煩的人，只要這樣製作就很簡單！
這是一道能品嚐到食材簡單美味的溫漬菜。

加熱時間
3分

材料 (容易製作的份量)

甜椒(紅) ---- 1 個
西洋芹 ---- 1 支
櫛瓜(黃) ---- 1 條

A | 白酒醋 ---- 3 大匙
  | 白砂糖 ---- 2 大匙
  | 鹽 ---- 1/3小匙
  | 黑胡椒粒 ---- 5～6 粒

作法

1 西洋芹去除表皮粗纖維，和甜椒一起切成一口大小。櫛瓜去除蒂頭，切成 1 cm厚的半月形。

2 將 **A** 混合。

3 將 **1** 放入鍋裡，繞圈淋上 **2**，蓋上鍋蓋，用稍大中火加熱，蒸煮 3 ～ 4 分鐘。

使用20cm的圓鍋

香烤帶皮洋蔥

連皮一起烘烤，完成後甜味釋出、帶有黏稠柔軟的口感。
一面沾取黃芥末醬，一面品嚐相當美味！

加熱時間
15分

材料（2人份）

洋蔥 ---- 2個
橄欖油 ---- 2～3大匙

作法

1　洋蔥連皮直接徹底洗淨，稍微切除上部和根部，在
　　上部切出十字切口。

2　將 **1** 放入鍋中，淋上橄欖油，蓋上鍋蓋，用稍小的
　　中火加熱，中途一面轉動翻面，一面烘烤15～20
　　分鐘。食用時，依個人喜好撒上鹽調味。

※ 建議可以去完皮後再冷藏保存。製作咖哩、燜燉或濃湯等料理
　 時，可以取代原本的炒洋蔥，方便使用。放入冷藏保存約4天。

使用20cm的圓鍋

梅干煮牛蒡

牛蒡和梅干是出乎意料對味的美味組合。
連同湯汁一起放涼，如沙拉般能讓人大快朵頤。

加熱時間
20分
＋
燜置時間
30分

材料（2～3人份）

牛蒡 ---- 2根
梅干（大）---- 2個
快煮昆布（5×6cm）---- 1片
醬油 ---- 1.5大匙
味醂 ---- 1大匙

作法

1　牛蒡用刷子刷洗，切成能放入鍋中的長度。

2　將昆布鋪入鍋中，放上牛蒡和梅干，加入水500
　　ml、醬油和味醂，放上木製落蓋，蓋上鍋蓋後燉
　　煮。煮沸後轉小火煮20分鐘，熄火，直接燜置約
　　30分鐘。

使用23cm的橢圓鍋

香煎蓮藕排

只運用食材的水分就能烹調，一面加熱至最佳狀態，
一面保有蓮藕的美味爽脆。蓮藕縱向切開，更能品嘗到獨特口感。

加熱時間
5分

材料（2人份）
蓮藕 ---- 1～2節（約250g）
醬油、蠔油 ---- 各1小匙
香油 ---- 1大匙

作法

1　蓮藕用刷子刷洗，切成二～四
　半立浸泡於水，瀝除水分。

2　香油放入鍋裡燒熱，再放入
　1。蓋上鍋蓋之後，一面蒸
　烤5～6分鐘，一面不時翻面。
　加入醬油、蠔油調拌。

3　盛盤，依個人喜好撒上山椒粉
　搭配享用。

使用20cm的圓鍋

糖漬甜椒杏桃

得力於鑄鐵鍋，肉厚的甜椒也能煮得水嫩多汁！
杏桃乾的甜味與酸味滲入其中，是帶有時尚感的味道。

加熱時間
5分

材料（2～3人份）
甜椒（黃）---- 2個
杏桃乾 ---- 5個
粗鹽 ---- 2小撮
橄欖油 ---- 2大匙

作法

1　杏桃乾橫切一半，浸泡於水100㎖約
　15分鐘回軟，瀝除水分（保留浸泡過
　的水備用）。甜椒去蒂頭和種子，切成
　一口大小。

2　將杏桃乾、杏桃乾浸泡過的水1.5大匙和甜
　椒放入鍋中，淋上橄欖油，撒上粗鹽。蓋上鍋
　蓋開火，蒸烤5～6分鐘。

使用22cm的圓鍋

燉煮南瓜

最大的重點在於讓沾滿砂糖的南瓜釋出水分。
不必另外加水，就能完成鬆軟美味的燉煮料理。

加熱時間
15分

材料（2～3人份）

南瓜(大) ---- 1/4個
二砂糖(或白砂糖) ---- 2 大匙
醬油 ---- 1/2小匙

作法

1 南瓜去種子和瓜囊，切成一口大小。

2 將南瓜放入鍋中，撒入糖，靜置20～30分鐘，
使其融合入味。

3 蓋上鍋蓋，用小火煮約15～20分鐘直到變軟為
止。最後加入醬油稍微混拌。

使用20cm的圓鍋

南瓜上沾滿糖時會釋
出水分，利用這水分
將南瓜煮得軟綿。但
是，不同品種的南
瓜，含水量也不同，
若快要煮焦時，可補
充少許水分。

魩仔魚櫻花蝦蒸煮小松菜

用鑄鐵鍋烹調，小松菜煮好後變得更水嫩、清脆。
換用青江菜或春菊等蔬菜也很美味。

加熱時間
2分

材料（2人份）

小松菜 ---- 1/2把
櫻花蝦 ---- 5 g
魩仔魚 ---- 40g
粗鹽 ---- 2 小撮
香油 ---- 1 大匙

作法

1 小松菜切成 4 cm長，浸泡於水約 2 分鐘，瀝除水
分。

2 在鍋裡依序放入小松菜的莖、葉、魩仔魚和櫻花
蝦，撒上粗鹽，淋上香油。蓋上鍋蓋，用稍大的
中火加熱，蒸煮約 2 ～ 3 分鐘。

使用22cm的圓鍋

從較難煮熟的食材開
始依序放入鍋中。淋
上香油後，用稍大的
中火稍蒸煮，避免水
分過多。

果醬和蜜漬水果

琺瑯加工的鑄鐵鍋有著優良的耐酸性，適合用於製作果醬和蜜漬水果。蜜漬水果利用熄火靜置期間，讓味道慢慢滲入，所以不用煮到軟爛。

加熱時間
10分

蘋果奶油果醬

若用鑄鐵鍋烹調，完成後色澤更鮮麗。
李子、杏桃、櫻桃、紅薯、栗子等
和奶油也很對味，作法也相同。

材料（容易製作的份量）
蘋果(紅玉)---- 2個
蜂蜜 ---- 5大匙
檸檬 ---- 1個
奶油 ---- 100g
肉桂粉 ---- 少許

作法

1 蘋果連皮直接切成薄的月牙形。檸檬切半榨出汁(保留皮備用)。

2 將蘋果、檸檬皮放入鍋中，加入蜂蜜、檸檬汁，混拌整體、融合入味。蓋上鍋蓋，用稍小的中火煮約10分鐘。

3 奶油放入耐熱容器中，不蓋保鮮膜，用微波爐(600W)加熱30秒，使其變軟。

4 將 2 倒入調理盆中，去除檸檬皮，用攪拌器(或食物調理機)攪拌至細滑，加入奶油和肉桂粉再拌勻。

* 請選用未上蠟、無防腐劑的檸檬。

使用20cm的圓鍋

淋上蜂蜜拌勻後，蘋果會釋出水分。用這水分和檸檬汁來蒸煮，讓蘋果的甜味更鮮明。

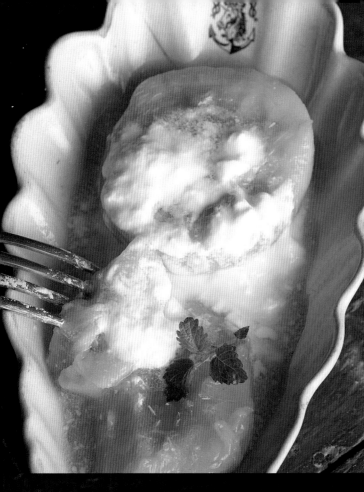

蜜漬桃子

小荳蔻具清涼感的香味
隱約地滲入桃子裡。
若再加上優格和冰淇淋，
可做為待客的美味點心。

加熱時間
5分
＋
燜置時間
30分

材料（4人份）

桃子 ---- 2個
小荳蔻（塊・p.54）---- 2～3個
A│水 ---- 400㎖
　│白酒（甜味）---- 100㎖
　│檸檬汁 ---- 2大匙
　│白砂糖 --- 3～5大匙

作法

1　從桃子凹陷處切入往下切一圈，用手一
　　前一後轉動分開，去除種子後去皮。

2　將桃子肉放入鍋中，再放上小荳蔻塊，
　　加上 A。蓋上鍋蓋煮 5 ～ 7 分鐘，熄
　　火，直接燜置30分鐘。

使用22cm的圓鍋

紅茶蜜漬柳橙

利用餘溫慢慢地煮熟，讓柳橙不會煮爛保有完美的外觀。
建議可選用白蘭地或柳橙利口酒取代蘭姆酒。

材料（4人份）

柳橙 ---- 4個
丁香 ---- 4粒
紅茶（濃的）---- 400㎖
二砂糖（或白砂糖）---- 5大匙
蘭姆酒 ---- 1大匙

加熱時間
7分
＋
燜置時間
30分

作法

1　用刀厚厚地切除柳橙的
　　外皮，插入丁香。

2　將紅茶放入鍋中
　　加熱，煮熱後
　　加入糖、蘭姆酒。再
　　轉極小火，加入柳橙，蓋上
　　鍋蓋煮 5 ～ 7 分鐘，熄火，直接
　　燜置30分鐘。

使用22cm的圓鍋

‖ 料理索引 ‖

　　鑄鐵鍋一直都是大家心中最想入手的鍋具，除了漂亮的外觀、多樣的形狀，尺寸更是從最小10cm～最大41cm等有多種選擇，看著架上的各種款式，卻煩惱著不知道要買哪一種比較好？此外，對於鑄鐵鍋的印象，想必會有著「適合長時間燉煮」的想法吧！事實上，鑄鐵鍋可說是節能鍋具，不僅能在短時間內完成，還能料理得很美味，這可是鑄鐵鍋的魅力所在。雖然這麼說，但大致上要花多少時間才能完成料理，應該還是沒有方向吧！

　　相信大家都會煩惱這些問題，因此本書特別以鍋子尺寸及加熱時間整理了適合烹飪的食譜，可以依照自己的情況，從中挑選出拿手或喜歡的料理，非常方便實用。

🍳 鍋子尺寸

10分內

30分內

35分以上

‖ 食材購買資訊 ‖

　　將撕碎的百里香撒入葡風香煎馬鈴薯鱈魚上，不僅提升香氣，還有去腥作用，像這樣的獨特香料，並非到處都購買得到。因此，特別整理本書中出現的特殊香料及歐陸食材的販售店家，相關資訊僅提供參考，建議購買前請先電洽各店家詢問是否有販售自己想要的商品，再前往購買。

網路

■欣伯國際
產品：馬鈴薯產品、牛羊肉、漢堡肉餡
電話：(02)2999-6512/(04)2359-5255/(07)821-5787
網址：http://www.keeper.com.tw

■圓頂市集
產品：生火腿、臘腸、火腿、燻鮭魚、起司
電話：(02)2591-9661
網址：http://www.lamarche.com.tw

■飛訊烘焙材料總匯
產品：乳製品(奶油、起司、乳酪粉)、冷凍麵糰
電話：(02)2883-0000
網址：http://www.cakediy.com.tw

■Mr.Cheese富華乳酪專賣店
產品：天然乳酪等多種乳製品
電話：02-2698-9608
網址：http://www.mr-cheese.com.tw/

北部

■海森坊
產品：起司、魚子醬、松露、鵝肝、調味料
電話：(02)2712-6470
地址：台北市松山區興安街214號

■摩登婦食品
產品：起司、馬鈴薯產品、玉米餅、披薩皮
電話：(02)2741-6625
地址：台北市大安區延吉街131巷12號1樓

■東遠國際有限公司
產品：新鮮香料、生菜、海鮮
電話：(02)2365-0633
地址：台北市中正區金門街9-14號
網址：http://www.pnpfood.com/index.html

■福利麵包中山店
產品：麵包、培果、墨西哥玉米餅
電話：(02)2594-6923
地址：台北市中山北路三段23-5號
網址：http://www.bread.com.tw/

■宏茂商行
產品：西餐食材、酸黃瓜、酸豆、西式調味醬
電話：(02)2871-8446
地址：台北市中山北路六段472號

■佳馨食品行
產品：進口食品、香料、調味料、火腿、乳製品
電話：(02)2876-1229
地址：台北市中山北路六段756號

■益和商店
產品：進口食品、罐頭、香料、起司
電話：(02)2871-4828
地址：台北市中山北路七段39號

■義式企業
產品：墨西哥玉米餅、玉米脆片、薯條
電話：(02)2658-9660
地址：台北市內湖區堤頂大道二段475號1樓
網址：http://www.italian-coffee-company.com/

■新得里有限公司
產品：冷凍、冷藏的頂級肉類
電話：(02)2794-1919
地址：台北市內湖區安美街125號

■美福國際股份有限公司
產品：牛排、羊排、豬肉、香料、調味料
電話：(02)2794-6889
地址：台北市內湖區民善街128號6樓之1
網址：http://www.mayfull.com.tw/

■Delishop珍饈坊
產品：乳製品、冷凍水果、葡萄酒、義大利麵
電話：(02)2658-9985
地址：台北市內湖區環山路二段135號1樓
網址：https://www.facebook.com/delishoptw

■聯馥食品有限公司
產品：海鮮、肉品、香料、調味料、乾貨
電話：(02)2898-2488/(04)2452-2288/(07)341-1799
地址：台北市北投區立功街77號
　　　台中市西屯區環中路二段696-7
　　　高雄市左營區重建路12號

■澎興海產行
產品：各式海鮮
電話：(02)2221-0032
地址：新北市中和區建康路254號2樓

■大家發烘焙食品原料量販店
產品：加工肉品、煙燻肉品、辛香料
電話：(02)8953-9111
地址：新北市板橋區三民路一段99號

■國豐商行有限公司
產品：西式乾貨類、食品罐頭、烘焙原料
電話：(02)2983-1715
地址：新北市三重區重陽路一段20巷12號

■漁洋國際股份有限公司
產品：各式海鮮
電話：(02)2288-0671
地址：新北市蘆洲區永平街32巷33弄27號

■宏碩食品有限公司
產品：冷凍西式肉品、海鮮
電話：(02)8295-5776
地址：新北市五股區凌雲路一段149巷74號

■艾佳食品原料行
產品：西餐原料、泰式香料、醬料
電話：(02)8660-8895/(03)332-0178
　　　(03)468-4558/(03)550-5369
地址：新北市中和區宜安路118巷14號
　　　桃園市永安路281號
　　　中壢市環中東路二段762號
　　　新竹縣竹北市成功八路286號
網址：http://www.aigafood.com.tw

■柑仔店
產品：有機商品、乳酪、葡萄酒、歐式肉品、三明治
電話：(03)571-5566
地址：新竹市光復路295號21樓
網址：http://www.orangemarket.com.tw/

中南部

■若宜食品行
產品：德國香腸、罐頭食品
電話：(04)2327-1539
地址：台中市華美街374號

■立基食品商行
產品：香料、煙燻起司、起司片、抹醬、調味醬
電話：(04)2317-9155
地址：台中市甘肅路二段143-2號

■利生食品原料有限公司
產品：乳製品、冷凍加工麵包類
電話：(04)2312-4339
地址：台中市西屯區西屯路二段28之3號

■弘琪實業有限公司
產品：香料、西式調味醬料
電話：(04)2212-5801
地址：台中市旱溪東路一段76號

百貨賣場 起司vs.進口加工肉品

■Breeze Super：微風廣場B2

■city'super：各分店

■Costco好市多：各分店

■Fresh Mart：SOGO百貨忠孝店／中壢店

■JASONS Market Place：各分店

■大潤發量販：各分店

■頂好惠康超市忠孝店/天母店

睿其書房 好書推薦

今天也用鑄鐵鍋做美味節能料理

作者：坂田阿希子
規格：18.5×26cm／88頁
定價：280元

　　本書以大、中、小不同尺寸的鑄鐵鍋來介紹各種合適的美味料理。大尺寸適合製作大份量的燉煮或燒烤菜色，在宴客、派對時是最方便也是最好的選擇。中尺寸可說是萬能鍋，最適合小家庭使用。每天的菜餚和湯品、米飯等都可以運用。運用小尺寸鍋，即使是一個人要吃的飯也能做得很好吃，量不多的小菜、蒸煮蔬菜、少量的油炸物等可以好好運用。

　　活用蒸、煮、煎、炊煮、炒、烤箱、油炸等烹調法，任何一道食譜都可以選用適當大小的鍋子來料理得很完美。首先，就以適合於現有鍋子的料理來試作看看吧！

「鑄鐵鍋」免揉歐式麵包

作者：堀田 誠
規格：18.5×26cm／80頁
定價：280元

　　鑄鐵鍋除了烹飪料理外，也能烘烤出帶有獨特口感的美味麵包！只要稍微換其它食材，就能像魔法般變出令人驚豔的美味。

　　本書特別介紹的是高水量麵包，與一般的麵包不同處在於其帶有外酥香脆、內裡Q彈鬆軟的獨特口感，每當咬下一口，總能感受到天然食材的美味，作者利用過去製作麵包的經驗，特別為初學者設計簡單明瞭的食譜，不需烘焙技術、不需太多的用具，只需準備幾樣基本材料就能完成。

　　主要分為三大類基本簡單風、法式鄉村風、義式佛卡夏風味，並提供多樣化的美味提案。不妨，帶著愉悅的心情來製作溫度感的美味麵包吧！

我愛和風洋食

作者：坂田阿希子
規格：18.5×26cm／128頁
定價：300元

　　打開大門，走進和風洋食館中，讓人滿心期待品嚐美味料理，從琳瑯滿目的菜單中，挑選一道最能滿足味蕾的餐點吧！不管是紅酒燉牛肉，還是清爽的和風蕈菇義大利麵，都讓人意猶未盡！

　　收錄和風洋食最經典的菜單，包括流動著金黃蛋汁的蛋包飯、香酥不膩的豬排飯、皮酥鬆綿密的可樂餅、柔軟多汁的日式漢堡排、吮指回味的紅酒燉牛肉、香濃的焗烤通心粉等，還有香烤馬鈴薯、清爽的番茄沙拉、份量十足的總匯三明治、濃郁美味的奶油濃湯、羅宋湯、洋蔥湯……，本書收錄了100種基本&特選料理，讓喜愛洋食的你學會最經典的餐廳菜色，以及基本的醬汁調味。挽起袖子，在家享用超人氣的日式西餐吧！

Bravo！餐廳級燉飯

作者：橋本學
規格：18.5×26cm／80頁
定價：240元

　　比義大利麵簡單！種類也很豐富！義式料理中，最常見的米飯料理就是燉飯。

　　感覺有點困難，所以在家中自己做燉飯的機會並不多，不過只要抓住了訣竅，比起義大利麵，燉飯的製作方法簡單許多，種類也很豐富。燉飯的優點是食材運用自由，沒有太多限制，即使用冰箱現有的食材和剩下來的白飯，都能做出好吃的燉飯，因此，幾乎不會失敗。

　　本書特別由專業主廚來親自傳授滑潤醇厚的極致美味。即使在家也能煮出餐廳專業水準，還能隨心情、喜好替換食材也OK！運用大量的新鮮蔬菜燉煮烹調出男女老少都喜愛的燉飯，每一餐都是份量十足且營養滿分。在家裡也能製作出來，請一定要試著做做看喔！

鑄鐵鍋的魔法魅力在於短時間內就能迅速完成，這裡介紹利用鑄鐵鍋烹調出的美味節能料理，還有免揉的外酥內Q的麵包。

除此之外，還有很多精彩實用的食譜書，在這裡推薦給你。善用平底鍋，可充分發揮煎、炒、燉、煮等烹調技法；在家煮出餐廳級燉飯；10分鐘完成的義大利麵；以菇類為主健康低卡的美味料理等。即使是料理新手也不必擔心，請帶著愉悅的心情享受烹調的樂趣吧！

日日溫暖！獨享鍋料理

作者：小林まさみ
規格：18.5×26cm／80頁
定價：240元

在寒冷冬天想要吃火鍋，但只有一個人，煮太多又吃不完，真苦惱啊！本書為了讓大家在冬天裡也能獨享美味，設計了每天都能享用的鍋料理。只要先將一星期的食材採買齊全，分配成5天份，就不會有浪費食物的情況發生，還能省下去採買食材的時間！

一個人火鍋的作法不但簡單，還能將火鍋做得很好吃！不但營養均衡、也能讓身體變得暖和，還可以自由變化組合或調味！

Good 1－所需食材一次買好，絲毫不浪費！
Good 2－使用大量的蔬菜，健康又不發胖！
Good 3－每天都能吃到不同的美味鍋料理！

3步驟×10分鐘絕讚風味の義大利麵

作者：川越達也
規格：18.5×26cm／128頁
定價：300元

一聽到「義式料理」時，想必大家腦海中最先浮現的就是義大利麵吧！其變化豐富多元，深具魅力。除了經典的番茄紅醬、奶油白醬、橄欖油清炒風味外，還能以和風麵味露或日式醬油做出創意的日式風味。不論是哪一種，都能依照加入的食材，進行搭配應用。

藉由不斷地推陳出新，義大利麵的菜單也越來越豐富！Q彈有勁的麵條均勻沾滿醬汁，堪稱是絕品的美味！

★日本樂天市場義大利料理排行榜TOP5。
★91道東京超人氣名廚嚴選的絕品料理。
★收錄5種風味的義大利麵，每一道只要3步驟，10分鐘輕鬆做出主廚級美味！

萬能平底鍋料理

作者：主婦與生活社
規格：18.5×26cm／160頁
定價：300元

一說到平底鍋，是不是馬上就認為只會運用在炒和煎的料理上呢？實際上，還有其它如炸、煮、蒸、燉的基本烹調方法。平底鍋也被稱作是「萬能鍋」，非常推薦料理的初學者使用。本書收錄了從份量十足的肉類料理，到好吃且富有媽媽味道的料理等，只用一只平底鍋就可以快速完成的珍藏食譜。

Good 1－每一道料理都有5個標記，
　　　　　不僅標示料理的時間及卡路里，
　　　　　更能知道料理種類及使用的食材。
Good 2－料理的作法依照順序步驟標示，
　　　　　還搭配圖片及作法的重點標示，
　　　　　讓料理可以更輕鬆完成不失敗。
Good 3－詳盡介紹平底鍋種類及特點，
　　　　　更附上有關料理的小知識及問與答，
　　　　　讓讀者可以更靈活運用本食譜！

活菌好菇做的美麗健康料理

作者：濱內千波
規格：18.5×26cm／96頁
定價：260元

蕈菇類食材對身體健康好處多多，再加上易熟耐煮好調理的特性，蘊含著神奇魅力。

作者體重曾飆升到96公斤，靠著親製健康料理及減少食量，成功減掉42公斤，至今仍維持良好的體態。不復胖的最大原因在於持續搭配良好食材，以不過度勉強的方法，完成飽足感十足的低卡料理，無負擔地健康享瘦。蕈菇類除了含膳食纖維和維生素外，卡路里也很低。本書以鴻喜菇、雪白菇、杏鮑菇、舞菇4種菇類為主題，收錄了數十道美味健康的絕讚好味，不論是沙拉、宵夜或鍋料理都很適合喔！

●書籍詳細資料及內頁預覽，
　請至 www.ucbook.com.tw 觀看

井澤由美子 **Yumiko Izawa**

料理家、廚師。具有中醫藥膳師資格。以擅長運用當季食材，
製作簡單又具時尚感的料理而深受好評。秉持「想抓住人心，
先抓住人胃」的信念，每天致力設計食材味道與效能明顯有益
身體的食譜。除了參與NHK「きょうの料理」（今日料理）、
「あさイチ」（朝市）等料理節目之外，也廣泛活躍於雜誌、
廣告等業界。

— Profile —

STAFF

作者 ■ 井澤由美子
攝影 ■ 原ヒデトシ
編輯 ■ 施映竹、張琇穎
譯者 ■ 沙子芳
潤稿 ■ Yui
校對 ■ Yui、艾瑪
排版完稿 ■ 菩薩蠻電腦排版有限公司

遊廚房14

「鑄鐵鍋」料理日日美味
「ストウブ」で
もてなしごはん&毎日おかず

總編輯	林少屏
出版發行	邦聯文化事業有限公司　睿其書房
地址	台北市中正區泉州街55號2樓
電話	02-23097610
傳真	02-23326531
電郵	united.culture@msa.hinet.net
網站	www.ucbook.com.tw
郵政劃撥	19054289邦聯文化事業有限公司
製版印刷	彩峰造藝印像股份有限公司
初版二刷	2016年02月
港澳總經銷	泛華發行代理有限公司
	TEL：852-27982220
	FAX：852-27965471
	E-mail：gccd@singtaonewscorp.com

國家圖書館出版品預行編目資料

「鑄鐵鍋」料理日日美味 / 井澤由美子著；沙子芳譯.
－初版.－臺北市：睿其書房出版：邦聯文化發行,2015.12
112面；18.5*26公分.—（遊廚房；14）
譯自：「ストウブ」でもてなしごはん＆毎日おかず
ISBN 978-986-92376-2-8（平裝）

1.食譜

427.1   104022022

STAUB DE MOTENASHI GOHAN & MAINICHI OKAZU
©Yumiko Izawa 2014
Originally published in Japan by Shufunotomo Co., Ltd.
Translation rights arranged with Shufunotomo Co., Ltd.
through Future View Technology Ltd.

廣告回信
台北郵局登記證
台北廣字第00411號
平　信

睿其書房
Rich House Publishing

地址：10076台北市中正區泉州街55號2樓
服務電話：(02) 2309-7610
服務傳真：(02) 2332-6531

請沿虛線對折，用膠帶封好後，直接投入郵筒寄回，謝謝！

讀者特惠區

special present

> 本書收錄人氣&經典的和風鍋物，有地緣、季節性的牡蠣土手鍋、秋田米棒鍋、水炊雞肉鍋、螃蟹鍋等，還有台灣常見的壽喜燒、石狩鍋、相撲鍋等。由兩位料理達人掌廚，從基本的高湯教起，每道都有step by step的步驟圖，只要跟著做，絕對可以複製出經典美味！

為了感謝支持這本書的讀者，即日起至105年02月29日止，只要您詳細填寫背面問卷，並郵寄給我們，即可兌換一本《和風鍋物おいしい》，數量有限，換完為止（若已過兌換期限，請來電洽詢）。

(2012.11出版)

請勾選 ▶　□ 我不需要這本書
　　　　　　□ 我想索取這本書（回函時請附60元郵票做為物流費及工本費）

(剪下回函卡，沿虛線對折，放入郵票，三邊用膠帶封好後，直接投入郵筒)

您的資料（請填寫清楚以方便寄書訊給您）

姓名：＿＿＿＿＿＿＿＿＿＿＿＿　性別：□ 男 □ 女　年齡：＿＿＿＿＿＿＿

職業：＿＿＿＿＿＿＿＿＿＿＿　E-mail：＿＿＿＿＿＿＿＿＿＿＿＿＿＿＿＿

地址：□□□□□＿＿＿＿＿縣市＿＿＿＿＿鄉鎮市區＿＿＿＿＿路街＿＿＿段

＿＿＿巷＿＿＿弄＿＿＿號＿＿＿樓

電話：(日)＿＿＿＿＿＿＿＿　(夜)＿＿＿＿＿＿＿＿(手機)＿＿＿＿＿＿＿＿

我購買了　「鑄鐵鍋」料理日日美味

1. 請問購買日大約是哪一天呢？＿＿＿年＿＿＿月＿＿＿日

2. 購買時，是否有被封起來無法翻閱呢？　□有 □沒有

3. 請問是在哪裡買到這本書的呢？

　　□書店，哪一家＿＿＿＿＿＿＿＿　□量販店，哪一家＿＿＿＿＿＿＿＿

　　□網路書店，哪一家＿＿＿＿＿＿　□購物網站，哪一家＿＿＿＿＿＿＿

　　□便利商店，哪一家＿＿＿＿＿＿　□其他＿＿＿＿＿＿＿＿＿＿＿＿＿＿

4. 您購買這本書時，是否有折扣或是特價呢？

　　□有，折扣或購買的價格是＿＿＿＿＿＿＿＿＿　□沒有

5. 這本書是什麼地方，讓您願意購買呢？(可複選)

　　□主題是您需要的　□內容很豐富　□圖片很漂亮

　　□除了食譜之外還有許多實用資料

　　□喜歡這本書的設計　□填問卷可以換一本書

　　□其他＿＿＿＿＿＿＿＿＿＿＿＿＿＿＿＿＿＿＿＿＿＿＿＿＿＿＿＿＿＿

6. 您照著本書的方法實際試做之後，製作的結果如何？

　　□還沒有時間製作　□描述詳細能完全照著製作出來

　　□有的地方不夠清楚，例如＿＿＿＿＿＿＿＿＿＿＿＿＿＿＿＿＿＿＿＿＿

　　□很好吃，您最喜歡的是＿＿＿＿＿＿＿＿＿＿＿＿＿＿＿＿＿＿＿＿＿＿

　　□做出來的料理不合口味，是＿＿＿＿＿＿＿＿＿＿＿＿＿＿＿＿＿＿＿＿

7. 下方列出的主題，哪些是您有興趣的呢？（可複選）

　　□日本料理 □異國料理(如＿＿＿＿＿＿) □快速做菜 □烹調祕笈 □天然麵包

　　□點心烘焙(如＿＿＿＿＿＿) □義式咖啡 □改善體質 □預防疾病 □經絡排毒

　　□中醫養生 □中醫藥膳 □小朋友飲食教養 □穴道按摩 □嬰兒按摩 □美顏運動

　　□瘦身減重 □蔬菜、香草栽培 □手作飾品 □裁縫刺繡 □其他＿＿＿＿＿＿

8. 您覺得目前市面上日文翻譯的食譜書籍如何呢？

　　A 翻譯品質　□優　□普通　□大致上能了解　□語意不清　□有錯誤

　　B 成功率　　□高　□普通　□低

　　C 口味　　　□喜歡　□普通　□不合口味

　　D 其他＿＿＿＿＿＿＿＿＿＿＿＿＿＿＿＿＿＿＿＿＿＿＿＿＿＿＿＿＿＿

9. 本書與您之前購買的食譜書不同之處在於什麼地方呢？以及對我們的建議？

＿＿＿＿＿＿＿＿＿＿＿＿＿＿＿＿＿＿＿＿＿＿＿＿＿＿＿＿＿＿＿＿＿＿＿

＿＿＿＿＿＿＿＿＿＿＿＿＿＿＿＿＿＿＿＿＿＿＿＿＿＿＿＿＿＿＿＿＿＿＿

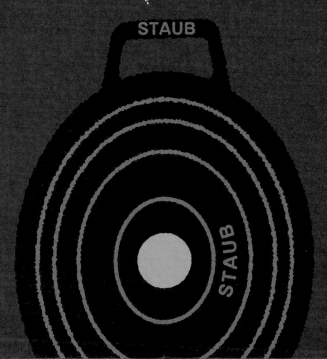
適用各種烹調技法

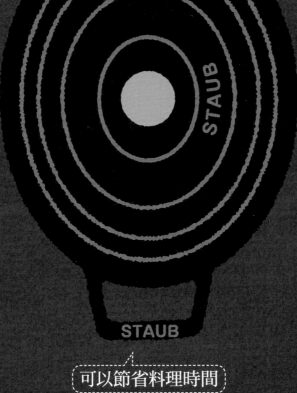

可以節省料理時間

完整保留食材營養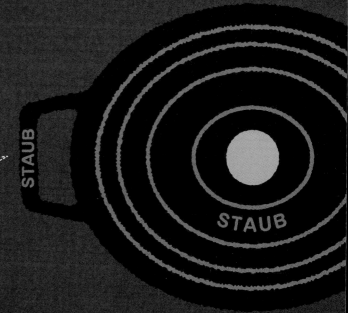

我最愛鑄鐵鍋料理